황세란의

유인균발효식초

황세란 · 최원식 · 임한석

"한국의과학연구원"
황세란유인균

“오늘”은 나에게 온 소중한 선물

과거에 대한 애착이나 미래에 대한 걱정이 오늘 이 순간을 놓치게 할 수 있습니다. 과거에 집착하거나 미래만 생각하다 보면 참으로 소중한 이 순간이 과거의 미련이나 미래의 환상에 덮여 버리는 수가 있습니다.

시간은 우리에게 언제나 기회를 주었습니다. 시간은 오롯이 자신을 우리에게 주면서 투자를 하였건만 우리는 번번이 놓치고 후회합니다. 누구를 원망하겠습니까?

시간 자체는 짧지도 않고, 길지도 않습니다. 우리가 사용하는 방식에 따라 시간은 움직입니다. 1초를 1초로만 쓰는 사람이 있고, 1초를 1시간처럼 소중하게 쓰는 사람도 있습니다.

우리는 어떤 사람일까요?

시간을 아까워하거나 시간을 두려워한다는 것은 지금에 만족하지 않는다는 것입니다. 지금 이 시간만이 우리가 온전히 사용할 수 있는 전부입니다. 시간을 가치 있게, 우리 자신을 위해 아낌없이 사용해야 할 것입니다.

현재의 건강은 자신이 지금까지 투자한 결과입니다. 그것은 먹는 것이나 운동에만 국한되는 것이 아닙니다. 마음의 움직임과 환경과 생활방식이 함께 어울려 현재의 나를 만든 것입니다. 그러므로 잘 죽고 싶다면 잘 사는 방법을 선택해야 할 것입니다.

가장 빠른 시작은 지금 이 순간입니다. 번번이 놓치고 다시 오지 않을 이 순간을 자신을 위해 미루지 않는 것은 아주 현명한 선택입니다. 무엇인가 원하는 것이 있다면 지금 당장 실천하는 마음을 내고 행동해야 합니다. 그럴 때 미래를 걱정할 필요가 없을 정도의 엄청난 나비효과를 가져옵니다.

우리에게 주어진 소중한 시간을 낭비하지 않고, 다시 오지 않을 이 시간에 감사하면서 오늘을 풍요롭게 살기 위해 노력합시다.

황세란유인균 발효식초 책을 내면서 물심양면으로 도와주신 한국의과학연구원 박사님과 연구진, 황세란유인균 발효연구원 선생님들, 그리고 출판에 맡아 준 예문사와 황세란유인균을 사랑해 주시고 발전을 위해 함께 노력하시는 분들께 깊은 감사를 드립니다.

독자 여러분들 모두가 늘 행복하시기를 온 마음으로 기원합니다.

황 세 란

추 천 사

이상희
(한국의과학연구원 원장)

인류는 생존을 위하여 끝없이 싸워왔다.

원시시대에는 추위와 싸웠고, 먹고살기 위하여 목숨을 걸고 위험한 사냥을 해야 했다. 불을 이용하게 되면서 추위를 이겨냈고, 각종 도구들을 만들면서 생존에 필요한 것들을 더 많이 얻을 수 있었다. 이제는 필요보다 더 많은 이익을 얻기 위하여 총과 화약이 아닌 돈으로 경제전쟁을 하고 있다.

이처럼 인류는 생존을 위하여, 비옥하고 더 넓은 땅을 차지하기 위하여, 산업혁명 이후에는 단순히 영토 확장을 위한 전쟁보다는 경제적 이익을 위하여 식민지를 통한 경제전쟁을 벌여왔고 최근에 이르러서는 에너지와 자원 확보를 위한 보이지 않는 전쟁이 진행 중이다.

이로 보건대 인류의 전쟁은 자연과 인간의 투쟁에서, 인간과 인간의 전쟁으로 변화되었고 이제 인간과 미생물의 전쟁으로 가고 있다. 앞으로 3차 세계대전이 일어난다면, 그것은 인간과 인간의 전쟁이 아니라, 인간과 미생물의 전쟁이 될 것이다 이 전쟁에서 총과 폭탄은 아무런 수용이 없다. 미생물과의 전쟁에서는 항생제가 도움이 될 것이다. 그런데 인류가 개발한 항생제는 3세대가 전부다. 새로운 항생제 개발에 많은 시간이 필요하다고 한다. 그 사이 바이러스들은 유전자 변이를 통하여, 항생제 내성을 가진 슈퍼바이러스 군대를 만들어 낸다. 오랜 시간 동안 인류를 바이러스로부터 지켜주었던 항생제들이 이젠 구식무기가 되고 있다.

인간과 미생물의 전쟁에 대비해 우리는 어떤 무기를 준비해야 할까? 국가적 차원의 준비와 대학과 연구소에서의 준비가 구분될 것이다. 학교와 사회가 준비해야 할 일과 각 가정에서 준비해야 할 일이 조금씩 다를 것이다. 인간과 바이러스의 전쟁이 시작된다면, 우리는 자신과 가족을 바이러스로부터 지키기 위하여 무엇을 해야 할까? 국가의 정책만을 바라보고 기다려야 할까? 제약회사와 연구소에서 개발되는 백신과 항생제만을 기다려야 할까? 학교와 사회에서의 교육과 지침이 우리 가족을 슈퍼바이러스의 공격으로부터 지킬 수 있는 것인가?

이 책이 출간되기 전에 원고를 먼저 읽어보았다. 청과물시장에서 흔히 구할 수 있는 각종 과일들로 발효식초를 만들어 먹을 수 있는 상세한 레시피들이 있었다. 재래시장에서 쉽게 구할 수 있는 곡류와 식재료들을 이용하여 가족 모두가 건강한 삶을 누릴 수 있는 발효식초를 만드는 방법들을 제공하고 있었다. 주부의 정성과 노력으로 가족 전체가 최상의 발효음식, 발효식초를 먹을 수 있고 그로 인해 건강해질 수 있는 쉽고 간편한 방법들이라고 생각했다.

한국의과학연구원에서 연구 개발한 유인균을 이용하여, 다양한 천연발효식초를 만들 수 있다는 사실도 놀랍지만, 이렇게 만들어진 유인균발효식초와 발효음식들이 가족들의 든든한 건강지킴이가 될 수 있다는 사실이

얼마나 다행스럽고 든든한지 모른다.

발효문화는 우리민족의 DNA에 뿌리 깊이 박혀 있다. 김치, 된장, 고추장, 각종 장아찌, 젓갈류…. 발효음식의 종류가 이렇게 많은 민족은 세계에서도 우리가 유일하다. 우리민족의 발효음식에는 건강하고 유익한 미생물들이 많다. 우리가 매일 발효음식을 먹으면, 우리 몸은 건강하고 강한 미생물로 가득하게 될 것이고 나쁜 바이러스들이 쉽게 침범할 수 없을 뿐만 아니라, 바이러스가 우리를 공격했다고 해도 약간의 노력으로 얼마든지 물리칠 수 있을 것이다.

명장은 전쟁을 하지 않고도 싸움에 이긴다고 한다. 치열한 전쟁을 하여, 미생물과의 전쟁에서 아군의 큰 희생을 내고서야 적을 물리치는 졸장이 되어서는 안 된다. 인간과 미생물과의 전쟁이 언제 시작될지 모른다. 어쩌면 벌써 시작되었는지도 모른다. 해마다 사스바이러스, 매리스바이러스, 지카바이러스 등등. 바이러스 한 종류만으로도 세계가 들썩거린다. 만일 한 해에 이런 위협적인 바이러스들이 10종, 100종이 나타나면, 인류는 어떻게 될까?

누구나 인간과 바이러스의 전쟁이 일어나지 않기를, 전쟁이 일어나더라도 싸우지 않고 승리하기를 원할 것이다. 그 전략은 무엇인가? 바로 한 집 한집이 건강하게 되는 것이다. 온 가족이 함께 가족의 건강지킴이 발효식초를 만들고, 베란다 가득 발효음식을 담은 장독을 두고, 한쪽에는 발효식초를 두는 것이다. 우리 조상들이 했던 것처럼 집집마다, 그 집의 특색이 가득 담긴 발효 술맛, 장맛, 김치맛, 된장맛을 가진 것처럼 집 안 구석구석에 발효음식과 발효식초로 가득 채우는 것이다.

그럼 가족이 건강해지고, 사회가 건강해지고, 국가가 건강해진다. 이런 건강한 가족, 사회, 국가를 상대로 어떤 바이러스가 감히 전쟁을 하려 하겠는가? 이것이 바이러스와 싸우지 않고, 이기는 전략이다.

연구원 원장 현직

세계한인지식재산전문가협회 (WIPA) 회장
(사)기술사업화협회 회장
(사)녹색삶지식경제연구원 이사장
한국 U-러닝연합회 회장
한국영재학회 명예회장
국립 부산대 석좌교수
단국대학교 석좌교수

연구원 원장 학력

서울대학교 약학대학 / 서울대 대학원 약학박사
서울대학교 경영대학원 최고경영자 과정 / 서울대 행정대학원 발전정책과정 수료
국립 부경대 명예경제학박사 / 석좌교수 / 가천의과대학 석좌교수
미국 조지타운대 Law School 수학 / 미국 특허청 심사과정 수료
변리사 자격 취득 / 부경대학교 의과대학 석좌교수 / 부산대학교 석좌교수

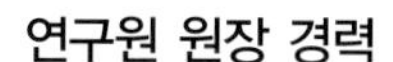

연구원 원장 경력

동아제약 연구개발 담당 상무 / 대한서울상공회의소 상담역
서울대학교 최고학위논문상 수상
한국과학기술원 대우교수 / 건국대학교 항공우주공학과 명예교수
한국유전공학학술협의회 고문 / 한국과학문화재단 이사장
과학기술부 장관(11대)
대통령 국가과학기술자문회의 위원장
제 11대, 12대, 15대, 16대 국회의원(4선)
제 32대, 34대, 35대 대한변리사회 회장
국립 과천과학관장

연구원 원장 수상

청조근정 훈장 장영실과학문화상(대상) - 과학선현장영실선생기념사업회 주최
'Dwight D. Eisenhower Fitness Award'
동양인 최초로 '아이젠하워 피트니스 어워드'수상
우남과학진흥상 - 한국과학기자협회 주최
지식재산대상 - KAIST

연구원 원장 저서

꼴찌과학대통령, 발명왕에 도전하기 / 남다른 발상이 성공을 부른다 / 돈방석 대학생 발명과 창업으로 뛴다 / 창조성과 정신, 과학원 괴짜들 특허전쟁에 뛰어들다 / 이제 미래를 이야기합시다 / 21세기 대통령감이 읽어야 할 책 / IQ 100의 천재, IQ 150의 바보 / 미생물을 제대로 아시나요 / 외 다수

추 천 사

김의수

(이학박사, 경남농식품수출진흥협회장)

일상 생활 속에서 우리들이 바라는 것은 건강하고 사랑하는 삶이다. 이 책 속에서 유인균은 바로 그런 삶의 답이 되고 있다.

글로벌 시대의 세계적 관심사는 항노화산업이다. 선진국의 65세 이상 인구비율은 15~26%로 고령화되어 가고 있고, 그에 때라 항노화산업 시장도 2015년 2,919억$에 육박한다. 여기에 모든 케어푸드 생산에 가장 필요로 하고 원인 행위를 하는 것은 미생물의 역할이다.

미생물은 우리의 주변 환경에 흔하게 존재하는 것으로 인간에게 유용한 도움을 주는 유인균과 질병과 각종 물질을 변질 부패시키는 유해균으로 나눌 수 있다. 또한 세균, 곰팡이, 효모, 바이러스 조류 등 다양한 형태로 존재한다. 미생물은 영양소, 수분, 온도, pH, 산소 등이 있어야 생육할 수 있고, 이 중에서 영양소, 수분, 온도는 미생물 증식의 3대 조건이다.

온도의 경우 균의 종류에 따라 알맞은 증식 온도가 있으며 0도 이하와 80도 이상에서는 일반적 균은 잘 증식하지 못하고 고온에서보다 저온에서 저항성이 크다. 산소는 호기성 균 같은 경우 필요로 하고 혐기성 균의 경우 필요로 하지 않는다. 현재 우리가 환경을 만들어 배양할 수 있는 미생물은

전체 미생물의 1%도 되지 않으며 그만큼 존재하는 미생물은 수없이 많다.

인체 내 존재하는 수많은 미생물 중 특히 장내 미생물은 음식을 소화하도록 돕고 필수 영양분을 공급할 뿐 아니라, 면역체계를 형성하여 다양한 바이러스나 병원균으로 우리 몸을 보호하는 역할을 하는데, 유인균은 이러한 방어체계에 직접적인 연관성을 나타내고 있다. 장내 미생물들의 구성은 주로 식생활이나 환경에 의해서 결정되고 그 종류가 다양하고 연령에 따라 다양한 균총이 균형을 이루는데, 주변 환경 또는 불규칙한 생활습관 등에 의해 장내 균총의 불균형이 초래된다. 예로, 육류를 좋아하는 사람의 경우 지방섭취 장내 미생물이 많아지고 이러한 미생물이 과잉되면 자신의 신호전달 물질을 방출하면서 계속 지방성분을 섭취하도록 유도하여 결국 비만을 초래할 수 있다.

이 책은 미생물이 가지는 부정적인 관점을 인간에게 유익한 유인균을 이용하여 좀 더 긍정적이고 쉽게 접근할 수 있게 해주고, 미생물(유인균), 발효 등과 관련된 전문적인 지식들과 발효과정을 통한 식초 제조과정, 유인균발효식초에 대한 저자의 견해를 경험담과 함께 쉽게 설명하면서 우리 주변에서 쉽게 구할 수 있는 식품과 유인균을 이용한 발효식품 레시피들을 함께 소개하고 있어 누구나 쉽게 발효식초를 즐길 수 있도록 해주고 있다.

추 천 사

허재관
(전략기술경영연구원 회장)

수술로 고칠 수 없는 병은 약으로 고치고, 약으로 고칠 수 없는 병은 음식으로 고치라는 말이 있습니다.

필자는 젊은 시절부터 술, 담배를 즐기고 운동은 전혀 하지 않고 몸에 좋지 않은 온갖 음식을 가리지 않고 먹다보니 중년을 넘어서면서 3관왕(심장병, 대장암, 척추관협착증환자)이 되어 있었고, 이렇게 몸이 망가지자 몸에 좋다는 음식과 약초, 천연음료, 과일 등에 관심을 갖게 되었고 저의 건강상태를 걱정하는 지인들로부터 여러 가지 건강식품이나 기능성 약재, 음료 등을 선물로 받거나 추천받게 되었습니다.

유인균을 이용한 천연식품(식초 등)은 바로 이 과정에서 접하고 인체에는 유해균, 유익균, 중간적(중립적) 균(박테리아)이 있는데 이 중간균을 유익균으로 변화시키는 것이 건강의 비결이라는 것을 알게 되었습니다. 최근에는 이러한 유인균(유익한 인체의 균)으로 만든 발효음식(천연식초, 음료 등)을 아침, 저녁으로 숭늉이나 차처럼 마시고 있는데, 몸이 가뿐하고 소화도 잘 되며 무엇보다 장이 아주 편합니다. 그 결과 비만도 개선되고 골칫거리였던 혈압, 혈당도 좋아지고 있습니다.

전에 일본인 친구가 제게 "한국은 4계절이 뚜렷하고 오염되지 않은 청정지역에서 세계 최고의 깨끗하고 안전하며 맛있는 식재료가 생산되는데다 동의보감의 나라로서 몸에 좋고 혀를 즐겁게 하는 최고의 음식기술을 가진 나라"라고 했습니다. 그렇습니다. 우리나라의 과일, 채소, 약초 등 각종 식재료는 세계 어느 나라에 견주어도 뛰어난 천혜의 자원입니다.

이런 최고의 식재료, 약재에 발효를 촉진하고 도와주는 유인균을 보급하고 그 활용방법을 널리 소개하는 이 책의 출간을 누구보다 기쁜 마음으로 기다리며, 부디 이 책을 통해 유인균발효 천연음식이 더욱 널리 확산되어 다른 분들도 저처럼 건강한 변화를 체험하시기를 바라는 마음 간절합니다.

CONTENTS

PART 02

황세란유인균과 발효식초 레시피

기본 재료

과일류

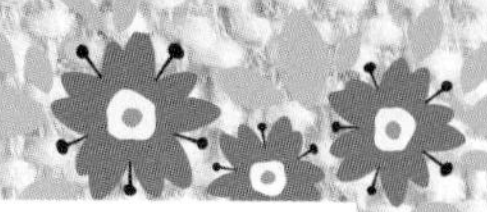

채소류

곡류 · 두류

꽃식초

발효 원액 만들기

PART 01

황세란유인균과 발효식초 이야기

VINEGAR RECIPE

1

황세란유인균은 기적이다

인간은 먹고 소화시키고 배설한다.

예전에 우리는 음식을 먹고 소화시키고 배설한 것을 다양하게 사용했다. 밭에 뿌려 식물을 키우거나 동물들을 키우고, 그 식물과 동물을 먹고 또 다시 배설하고… 이렇게 순환하면서 살아왔다.

미생물도 마찬가지다. 바실러스가 먹고 소화시킨 후 배설하면, 효모가 그것을 먹고, 효모가 배설한 것을 유산균이 먹고….

모든 생물들은 이렇게 살아가고 있다. 인간이 죽어 그 살과 뼈가 땅에 묻히면 그것은 또 다른 생명에게 이용된다. 인간이 만물의 영장이라고 해도 특별한 방법은 없다. 미생물을 비롯해 모든 생명은 그렇게 태어나서 살아가고 사라져가는 것이다.

어떠한 방식으로 사라져 가는지 생각해보면 인간도, 동물도, 식물도, 미생물도 모두 지구의 품에 안겨 발효되면서 사라져 간다. 그러니 미생물을 이용하여 발효를 해서 먹는다는 것은 지극히 당연한 일이지만 우리는 아직도 이를 특별하게 생각하고 있다.

이런 일들은 우리 몸 밖에서만 일어나는 것이 아니고, 우리 몸속에서 24시간 365일 죽을 때까지 일어나고 있는 일이다. 어쩌면 지구는 지구가 품은 모든 생명체를 인간의 몸 안에서처럼 늘 발효시키고 있는 중인지도 모르겠다. 우리 몸속의 미생물이 인간의 몸속에서 일생을 살아가고 있듯이, 인간도 거대한 지구에 살고 있는 미생물(아주 작은 생물)이다. 인간이 상상하기 힘들 정도로 작은 생명체이다.

미생물을 생각하면 난 너무나 대견하다고 생각한다. 그것이 유익하든 유해하든 간에, 우리가 원하던 원하지 않던 간에 미생물은 천지에 빽빽하게 존재하여(1cm^{3}에 수만 마리), 인간이 헤아릴 수 없을 정도의 수를 가진 그야말로 불가사의(不可思議)다. 그 미생물은 인간의 삶에 너무나 유용하여 인간을 살리고 있는데 우리는 그걸 잘 모르고 있다.

세상은 우리 의지와 관계없이 변해간다. 우리는 그 변화에 적응하면서 살아가야 하고 그 변화의 물결을 타야 그 시대를 제대로 살 수 있다. 발효문화도 변해가고 있다. 옛날에는 무엇인지 모르지만 음식을 변화시키는 그 무엇을 불러들이고 이용했다. 지푸라기에서, 나뭇잎에서, 공기에서….

현대에 들어서는 그것이 무엇인지 안다. 그러나 이러한 놀라운 사실에 별로 감동하지 않는다. 미생물은 불가사의를 넘어서 무량대수에 이르는데 우리는 그저 감흥없이 보고 있다. 너무 많아서, 너무 커서 보이지 않는가보다. 생활의 패턴과 삶의 질을 변화시키는 기초에 미생물이 지대한 역할을 하는데도 우리는 그저 덤덤하다.

그 집안의 미생물에 따라 음식이 다르다. 몸속도 다르고 성품도 다르니

품위도 다르고 삶도 다르다. 미생물은 어디든 존재한다. 공기 속에, 물속에, 모든 음식 속에…. 도저히 피해갈 수 없다.

그렇다면 미생물과 함께 놀아보자.

우리의 풍성한 발효문화는 일제 강점기를 거치면서 훼손되고 잊혀져갔다. 일제의 의도적인 말살정책과 함께 오랜 세월 동안 우리의 삶과 뗄 수 없는 발효가 현대에 와서는 너무나 어려운 것이 되어 버렸다. 모든 가정에 종균이 있었고 각 집마다의 독특한 종균으로 그 집안을 알 수 있었다. 집집마다 술 익는 향기가 달랐고, 집집마다 초 익는 냄새가 그윽했다. 그러나 언제부터인가 종균들이 사라져 가고, 급기야 발효의 종주국이 일본이라고 떠들어 대고 있다.

이제 유인균이 그 일을 대신해야 한다. 외국에서 수입해온 각종 균들은 우리나라 균종을 이기지 못한다. 다음은 "한국형 프로바이오틱스 유산균의 안정성이 수입보다 우수한 것으로 밝혀졌다."는 제목의 서울경제 신문의 기사 중 일부다.(2014/10/29-모신정 기자)

"각종 식중독 세균과 같은 병원균 증식을 억제하는 항균 작용을 지녔다고 알려진 우리나라의 대표적 향신료 5종(생강, 마늘, 홍고추, 파, 양파)과 건강기능식품의 원료로 자주 사용되는 프로폴리스에 대한 한국형 유산균주와 수입 유산균주의 생존력을 비교 분석하였다. 연구 결과 김치, 젓갈 등 우리나라의 전통 음식과 신생아의 분변에서 추출한 한국형 유산균 11종에 들어 있는 유산균은 향신료와 프로폴리스에 대해 강한 저항성을 보이며 증식됐으나, 수입 유산균은 오히려 그 증식률이 감소했다. 이를 통해 항균 효과를 지닌 향신료에서 한국형 유산균이 수입 유산균 대비 2배 이상 높은 생존율을 보여 향신료를 많이 섭취하는 혹독한 한국인의 장에서도 오래 살아남는다는 사실을 확인할 수 있었다."

이제 황세란유인균이 우리 삶 속으로 깊숙이 들어와 옛날처럼 우리들의 집안 곳곳에 뿌리를 내리고 있다. 집집마다 맛있는 술과 식초, 김치가 익어가고 젓갈, 장아찌, 각종 반찬이 되어 우리의 식탁에 올라와 몸에 흡수된다. 그러면서 유인균이 내 식대로 DNA를 변화시켜 나만의 특별한 음식을 발현한다.

황세란유인균은 마음이 움직이는 대로 요술을 부린다. 당신이 만든 특별한 유인균 발효 음식이 되어 당신 가정을 풍요롭게 할 것이다. "모른다" 하지 말고 "못 한다"는 생각을 버리면 황세란유인균은 당신을 도와줄 것이며, 훌륭하고 멋진 발효 음식을 통해 건강할 삶으로 유턴할 수 있는 도화선이 될 것이다.

발효는 어렵지 않다. 나 역시 예전에는 발효는 어렵기 때문에 아무나 할 수 없다며 발효에 대한 의지를 갖지도 못했었는데, 그 이유는 주위에서 잘 한다는 사람들이 심어준 근거 없는 위화감 때문이었다.

절대 그렇지 않다. 누구나 잘할 수 있다. 다만 좀 늦게 깨우칠 뿐이다. 도전만이 발전하는 길이다. 발효는 누구나 할 수 있다. 어린아이도 할 수 있는 일이다. 쉬운 예로 밥에다 침만 발라도 발효는 시작된다.

VINEGAR RECIPE

2

자연의 이치

세상은 사랑하는 생명들이 많아서 자연스럽게 돌아간다. 여기서 사랑이란 조건 없이 줌으로써 공존할 수 있는 관계를 말한다. 자연이 그러한 것이다.

열역학의 이론을 대입하자면, 에너지는 다른 것으로 전환될 수 있지만, 생성되거나 소멸될 수는 없다는 것이다. 아무리 새로운 것이라 하더라도 에너지나 형태가 변한 것일 뿐, 원래 있었던 것이다. 무엇이 어떤 것을 많이 뿜어내거나 적게 끌어안는다고 해도 자연은 항상 균형을 유지하고 있다.

연필로 글을 쓰면 연필은 닳지만 연필에서 나온 글씨는 남아 있고, 지우개로 지우면 글씨는 없어지지만 지우개에 묻어 있기에 에너지가 변한 것이다. 지우개도 닳아 없어진 것 같지만 찌꺼기로 변했고 그 찌꺼기는 어디엔가 존재한다.

우리가 맛있는 식초를 만들었다면 우리 에너지가 사용되어 식초라는 형태로 나타난 것이다. 또 그렇게 만들어진 식초를 누군가 먹었다면 형체인 식초는 없어졌지만 그 사람의 에너지가 된 것이다. 이렇게 변할 때마다 약간의 에너지 손실이 따르지만 여전히 어디엔가 존재한다.

인간의 죽음도 마찬가지다. 죽어서 사라진 것 같지만 그 형태나 에너지가 변했을 뿐이다. 한 줌의 흙이나 재로 변하여 산이나 강으로 뿌려지고 어떤 생명의 에너지가 된다. 그 에너지나 형태는 나무의 영양소가 될 수 있고, 물고기의 밥이 될 수도 있고, 나물이 되어 우리 배 속으로 들어갈 수도 있다. 어떠한 형식이든 간에 그 생명은 변화된 에너지를 통해 다른 형태로 변한다.

어쩌면 거듭해서 사는 것이라고 하겠지만 에너지나 형태가 변했기 때문에 그것을 무엇이라고 정할 수 없다. 나무가 책상이 되어 사용되었다가 닳거나 망가져 태우면 재로 되지만, 사라지는 것이 아니라 다른 에너지나 형태로 변해 있을 것이므로, 그것을 완벽히 사라졌다고 할 수는 없다.

왜 이런 이야기를 하는가? 에너지의 형태가 보이지 않는다고 해서 그 에너지가 소멸된 것은 아니다. 여전히 존재한다. 같은 에너지를 계속적으로 보내면, 에너지가 모여서 어느 시점에 이르러 형태를 보이기 시작한다. 물론 이때 에너지를 밖으로 보내었기 때문에 내적 · 외적 에너지 손실이 따를 것이다. 그래서 자신의 형태도 변하겠지만 걱정할 것 없다. 다른 에너지와 형태로 나타나기 때문에, 누군가가 혹은 무엇인가가 만든 그 에너지를 당신은 스스로 내부에 넣고 있으니….

우리는 어떤 형식이든 간에 죽는 날까지 어쩔 수 없이 에너지를 사용하고 있다. 그렇게 사용되는 에너지가 어떤 것이냐에 따라서 삶의 판도가 달라진다. 당신이 과거에 이미 사용한 에너지의 현실이 바로 지금의 모습이다. 미래의 변화를 원한다면 지금 사용하는 에너지를 바꾸어야 한다. 간절히 원하는 것이 있어 에너지를 반복적으로 사용하면 에너지 뭉치가 형성되고, 그 뭉치는 어느 순간에 어떠한 형태로 만들어져 우리에게 다가온다.

사랑이든 미움이든 에너지이기 때문에 딱 준만큼 돌아온다. 더도 덜도 아니다. 돌아오지 않았다면 에너지가 덜 모여져 형태를 이루지 못한 것이며, 주었다가 말았다가, 보내었다가 쉬었다가 한다면 늘 원점이다. 그래도 우리는 에너지를 어디엔가 사용하게 되어있다. 일관성 없이 사용하는 것이다. 사랑을 보낼 때 주고 계산하고, 주고 또 계산하면, 딱! 그대가 한 대로 된다. '가'를 주었다고 '가'나 '가+'로 오지는 않는다. '가'를 주었는데 'A'로 변하여 올 수도 있다는 것이다. 그러나 善과 惡, 긍정과 부정의 파장은 달라서 교차되어 오지 않는다. 혹시 달리 왔다면 이곳에는 善, 긍정을 주고, 저 곳에는 惡, 부정을 주었는지 잘 살펴볼 일이다.

이쪽에서 미소 짓고 칭찬하고, 저쪽에서 눈 흘기고 미워하면 그 역시 많이 사용한 것이 돌아온다. 거듭 말하건대, 형태나 형식이나 우리가 에너지를 보낸 대로 돌아온다. 에너지가 전환될 때 생기는 약간의 손실을 빼면 거의 비슷하게 돌아오게 되어있다. 필자에게 이것은 이론이 아니라 삶의 경험이다. 분명히 우리가 보낸 에너지는 사라지지 않고 다른 것으로 전환되어 돌아오게 되어 있다.

그렇다면 당신이 지금 사용하는 에너지는 어떻게 할 것인가를 묻고 싶다. 사랑하는 사람을 위해 건강한 발효식초를 만들어 보자. 살아 숨 쉬는 지금, 아낌없이 행하고 아낌없이 주기를 바란다. 절대 손실이 아니다. 그것을 손해라고 생각하면 참으로 어리석다. 많이 주면 많이 돌아오고 적게 주면 적게 돌아오게 되어 있다.

많이 돌아오기를 바라는가? 적게 돌아오기를 바라는가? 돌아오는 것이 어떤 과(果)이기를 바라는가? 惡? 善? 幸? 苦? 바로 당신에게 달려 있다. 당신의 마음과 행동 에너지 분출에 달려 있다.

VINEGAR RECIPE

3

미생물이 만드는 발효과학

대한민국은 좋은 미생물의 군집 터다. 예전에는 사계절이 지금보다 뚜렷하여 계절에 맞는 미생물(微生物, microorganism)이 있었고 산수가 좋아 유익한 미생물이 많았다. 또 북태평양 남서부에서 태풍이 발생하기 시작하여 대한민국으로 몰려온다. 그렇게 몰려올 때 미생물이 공기와 바람과 비로 내려와 우리 곁에 머문다. 다른 나라에서 이민 온 적응력이 대단한 미생물이 한국의 기후에 잘 맞는 좋은 미생물로 변하여 함께 살고 있는 것이다. 이런 유익한 미생물과 좋은 산수에서 자라는 식물 덕택에 우리나라는 뛰어난 발효문화를 가진 발효의 종주국이 된 것이다.

미생물은 인간의 눈으로는 도저히 볼 수가 없다. 미생물의 크기는 마이크로미터(micrometer-1μm=0.001mm)로 계산하기 때문에 육안으로 감식한다는 것은 불가능한 일이지만 위상차 현미경을 활용하면 보인다. 미생물은 단세포나 다세포 생명체로 우리가 잘 알고 있는 유산균(乳酸菌-일본말),

즉 젖산균은 동그란 모양의 구균(球菌)과 막대모양의 간균(桿菌), 그리고 영어의 Y자 V자 모양의 비피더스균이 있는데 크기는 0.5~2.0㎛이다.

효모는 3~4㎛이며 모양은 둥근형태가 대부분이다. 우리 눈으로 도저히 식별이 되지 않지만 위상차 현미경으로 400배 확대하면 약간의 모양이 보이고, 제대로 보려면 1,000배로 확대해서 보아야 한다.

미생물의 종류로는 세균, 곰팡이, 효모, 바이러스, 조류 등이 있고 발효미생물로는 젖산균, 초산균, 비피더스균, 바실러스 등이 있는데, 효소와 아미노산을 생산한다. 효모는 제빵을 만드는 일꾼이며 알코올발효를 하여 술을 빚어내기도 한다. 아스퍼질러스 곰팡이는 누룩, 장류, 유기산, 아밀라아제, 콩단백질, 프로테아제 등을 생산한다. 박테리아의 형태는 구균 둘이 모여 쌍구균이 되고 여러 개가 모여 포도알처럼 되어 포도상구균이 되며, 한 줄로 줄줄이 모여서 연쇄상구균이 된다.

그 외에도 막대기 모양의 간균이 둘 모여 쌍간균, 여러 개가 줄줄이 달려서 연쇄상간균, 나선형으로 생긴 나선균, 고불고불하게 생긴 스피로헤터, 비브리오 등 다양한 모양을 가지고 있으며, 간균이 줄줄이 붙어 머리카락처럼 길게 보이는 것도 있다.

효모의 형태는 작고 예쁜 공이 두 개 붙어 있는 것처럼 보이는 것이 많으며, 두 개가 양쪽으로 혹처럼 딸세포를 키워서 출가시키는 방법으로 식구를 늘여간다. 몇 시간을 바라보고 있으면 조금씩 튀어나오는 모습이 귀엽고 사랑스러우며 신비롭다.

곰팡이는 포자(胞子)의 형태로 자라는데 곰팡이 핀 자리를 잘 살펴보면 나뭇가지 형태로 세포가 연결되어 가지를 친다. 포자의 색깔에 따라서 이름을 붙이는데, 푸른곰팡이, 검은 곰팡이, 흰 곰팡이, 붉은 곰팡이, 황색 곰팡이 등으로 불린다. 우리가 즐겨 먹는 버섯도 곰팡이의 일종이다.

1) 자연계의 미생물

우리가 숨 쉬는 공간에는 미생물이 얼마나 있을까? 소독을 하고 멸균을 한다고 싹 사라질까? 전혀 그렇지 않다. 미생물은 우리가 생각하는 이상의 어마어마한 숫자로 우리 곁에 머물고 있다. 미생물의 수는 절대로 헤아리지 못한다. 그러므로 피하기보다는 함께 잘 살아가는 방법으로 이 세상을 공유해야 할 것이다. 공기 1cm³에 수천~수만 마리가 존재하고 물 1ml에도 수천~수만 마리, 썩은 하수에는 ml당 1억 마리 이상이 있으며, 토양은 g당 백만 마리 이상이 존재한다.

옛날 아이들은 흙을 마구 만지고 얼굴에 묻히고 먹기도 하였다. 그래도 건강했던 것은 미생물에 대한 면역이 있었고 좋은 미생물과는 친화력이 있었기 때문이다. 요즘 건강과 미용을 목적으로 황토를 몸에 바르는데, 여기에도 엄청난 숫자의 미생물이 가득하다. 그래도 별 문제가 없는 것은 우리는 대부분의 미생물과 공생 · 공존하고 있기 때문이다.

건강이 나빠지는 것은 미생물 때문이 아니라 면역력 부실이 주범이라는 것을 알아야 한다. 오히려 미생물은 우리 주변에서 우리를 살리는 일을 더 많이 하고 있다. 그것이 발효라는 것이다.

미생물은 우리가 아무리 피해 다녀도 따라다니고, 공기처럼 함께 살아가고 있다. 목욕을 하고 소독을 하고, 청소를 아무리 해도 돌아서면 버젓이 우리의 콧구멍으로 들락거리고 있는 것이다. 말을 할 때나 하품을 해도 세균이 들락거린다. 재채기를 하면 엄청난 양의 세균이 퍼져나간다. 감기에 걸린 사람이 기침을 할 때 피해서 해야 하는 것은 상식이다. 만약 완전히 멸균을 요하는 무균실에 들어가려면 우리의 온몸을 무균제로 씻어야 할 것이다. 이처럼 균을 떠나서 살기란 불가능하다. 이 세상은 미생물의 세상이라고 해도 과언이 아니다.

2) 미생물의 생육

미생물의 영양소는 탄소원, 질소원, 무기질, 비타민 등이며, 환경조건은 온도와 pH, 수분함량에 따라 영향을 미친다. 미생물의 증가시간은 세균은 20분~3시간으로 2분법에 의해 증가하고 효모는 3~5시간으로 딸세포를 낳는다. 곰팡이는 5~10시간으로 포자형태로 번져 간다.

미생물의 주요 먹이는 포도당을 비롯한 각종 당류이며 글루코스(Glucose)를 제일 좋아한다. 또 미생물은 지구상의 각종 유기화합물을 분해하여 이용하면서 환경에 맞게 진화한다. 예를 들어 포도당이 있으면 포도당을 먹고 포도당이 없고 페놀만 있을 경우에는 먹을 것이 없으니 살기 위해 DNA를 변형시켜서 페놀을 대사할 수 있도록 진화한다. 변화하는 환경에 살아남기 위해 엄청난 변형을 하는 것이다.

만일 이 세상에 미생물이 없으면 우리는 쓰레기 더미에서 살아가야 한다. 시체가 썩지 않고, 음식물이 썩지 않고, 각종 유기물질 덩어리가 그대로 있다면 인간이나 다른 생명체가 존재할 수 있을까? 우리는 미생물이 지구상의 유기물을 거의 분해하기 때문에 이렇게 좋은 환경에서 살 수 있는 것이다.

Acinetobactor calcoaceticus(아시네토박터 칼코아세티쿠스)란 미생물은 분해할 수 있는 종류가 수백 가지가 된다고 한다. 어떠한 환경에 두어도 죽지 않고 다양하게 분해하면서 살아남는다. 황화수소, 암모니아, 메탄, 페놀, 아황산, 아민 등의 독극물도 분해하면서 산다. 이런 미생물의 유익을 모르고 나쁘거나 무섭게 생각해 왔던 것이 미안할 따름이다.

3) 자연계의 능력자 미생물 바이오매스의 분해과정

바이오매스는 생명체를 이용해서 얻어지는 에너지 자원을 말한다. 우리가 지금까지 살면서 미생물을 이용해 발효하는 과정이 그에 속한다. 고체발효에 섬유소 분해, 메주 발효, 퇴비 발효, 음식물 발효 등이 있으며 거대한 분자를 미세한 분자로 분해한다.

살기 위해서 세포막의 인지질을 통과할 수 있게 가수분해효소를 분비하여 전분을 아밀라아제로 쪼개고 섬유질을 셀룰라아제로 쪼개면서 당분자나 올리고분자로 분해하면 수용성으로 바뀌어 세포막을 통과하여 세포먹이가 되어 대사물질을 만들어 낸다.

가수분해하는 것도 효소에 따라 타입이 다르다. α-amylase는 전분 같은 큰 분자를 중간중간에 잘라서 물에 녹이기 때문에 액화효소이며, 이런 분해방법을 Endo형이라 하고, β-amylase와 glucoamylase는 액화된 것을 잘린 말단의 양쪽 끝에서부터 작은 크기로 잘라 들어가는데, 이를 Exo형이라 한다.

고체는 양파껍질처럼 겉에서 침투하여 잘라가면서 표면부터 분해해 들어간다. 너무 딱딱하면 효소 접근이 안 되기 때문에 고체물질을 잘게 잘라주거나 물에 불리거나 가열하여 부드럽게 하는 등으로 분쇄, 파쇄, 분해하여 도와주면 발효 효율이 훨씬 높아진다. 지금까지는 식료의 유기물을 추출하기 위해서 설탕을 많이 사용했지만, 설탕의 양을 줄이고 황세란유인균으로 종균하여 식료 덩어리를 통째로 하는 것보다 잘게 잘라주는 것이 미생물의 접근이 훨씬 용이하여 발효의 시간을 단축하고 능률을 배가할 수 있을 것이다.

4) 발효(醱酵, fermentation)란

미생물학적으로 정의하면 전자전달계가 없는 생물이 에너지를 얻기 위해 혐기적(산소가 없는 상태) 조건에서 에너지를 얻는 당 분해 과정으로 기질이 산화 · 분해되어 유기물을 생성하고 이 유기물이 최종적인 전자 수용체(전자를 받아들이는 분자) 역할을 하는 것이다. 가장 쉬운 예로 포도당을 젖산으로 분해하는 과정이 있다.

생물공학적으로 정의하면 산소의 유무에 관계없이 에너지원 기질이 대사되어 각종 유용한 유기물질을 생성하는 과정을 말한다. 발효식품학적 정의에서 발효는 미생물의 작용에 의해 식품의 좋은 맛과 향미 증진 및 인간에게 유용한 물질을 얻어내는 과정을 말하고, 부패는 독소나 유익하지 못한 성분의 생성으로 불쾌한 냄새나 과다한 산이 생성되는 것을 말하는데, 악취의 원인은 단백질 속 아미노산의 아민기가 떨어지면 나는 암모니아 냄새다. 미생물의 입장에서는 발효나 부패나 모두 같은 의미이지만 인간의 필요에 따라 이로운 것은 발효, 해로운 것은 부패라고 한다. 발효에는 젖산발효, 알코올발효, 아세트산발효 등이 있다.

5) 혐기성(무산소) 조건 발효의 에너지 증폭과 유기물 분해

대사 결과 만들어지는 생체 에너지 물질량은 혐기성과 호기성이 다르다. 1mol의 포도당이 산화되면 686kcal의 에너지가 방출되는데, 호흡이 진행되면 유기물이 분해되면서 ATP라는 에너지 물질을 만들어낸다. 호기성은 38개의 에너지 APT를 방출하고, 혐기성은 2개의 에너지 ATP를 만든다. 1mol의 포도당으로 10g의 세포를 만들 때 혐기성 대사가 호기성 대사보다 포도당을 훨씬 많이 이용한다. 포도당 대사(분해) 속도가 빨라 유기물 대사(분해) 속도도 빠른데, 같은 양의 미생물이 만들어지려면 유기물을 많이 분해해야 하므로 혐기적 조건에서 발효 속도가 빨라진다. 즉, 물질을 빨리 분해하여 많은 식구(미생물)를 만들어가는 것이다. 산소가 존재하면 발효반응이 어려워진다.

6) 발효의 응용사례 및 원리

김치, 된장, 청국장, 간장 등의 숙성 · 발효식품에서는 주로 맛을 중시하며 유효성분인 아미노산, 비타민, 향기 성분의 변화에 초점을 둔다. 김치는 균에 따라 그 맛이 다르다. 생물공학적으로는 원료(식료나 기타)로부터 유입된 젖산(유산)균들의 혐기적 발효대사로 발효 · 숙성 온도, 식염 농도, 부재료의 종류 및 조미 비율이 결정적 역할을 한다.

발효에 관련 미생물로 호기성은 Pseudomonas Bacillus(슈도모나스 바실루스)로 젖산 생산과 관련이 없고 주로 효소를 만든다. 혐기성은 Lactobacillus Leuconostoc(락토바실루스 류코노스톡), Streptococcus(스크렙토코커스), Pediococcus(페디오코커스) 등 젖산발효 약 150종 이상으로 분류되며, 효모(Saccharomyces : 사카로미세스)가 있다.

발효에는 정상젖산발효와 이상젖산발효가 있는데 정상젖산발효는 포도당($C_6H_{12}O$)이 젖산발효($2CH_3CHOHCOOH$)되는 것이며, 이 과정에 효모가 관련되고 Lactobacillus(락토바실루스), Streptococcus(스크렙토코커스),

Pediococcus(페디오코커스) 등이 있다. 이상젖산발효는 포도당($C_6H_{12}O$)이 젖산, 초산, 알코올, 탄산가스 등을 생산하며, 여기에 Leuconostoc(류코노스톡), Lactobacillus brevis(락토바실루스 브레비스) 등이 관여한다. 그러나 정상젖산 발효균도 발효조건에 따라 발효산물이 변할 수 있다. pH 6이 되면 거의 젖산만 나오는데 pH가 변하면 정상젖산 발효균도 다양한 종류의 산이나 에탄올을 만든다.

7) 국내외 발효제품의 특징

자연발효와 조절발효가 있으며, 자연발효는 혼합균에 의해 자연적으로 이루어지는 발효로 여러 가지 균의 복합적 작용에 의한 복잡한 성분의 조화에서 나오는 특유한 맛으로 여러 조건의 변화에 의해 재연성이 낮아서 품질관리가 어렵다.

일본이나 서양의 경우는 주로 조절발효를 하는데, 단일 또는 2~3종의 순수배양 종균으로 스타터균의 활용에 의한 조절발효로 단순하고 순수한 맛이지만 재연성이 높으며 품질관리가 용이하여 경제적으로 많이 활용되고 있다.

전통 메주의 경우 삶은 콩으로 메주를 만들어 볏짚으로 엮어 매달아 두면 공기 중의 각종 곰팡이 포자, 효모, 세균이 자연서식하여 표면에는 Mucor(무코르), Rhizopus(라이조푸스), Aspergillus(아스퍼질러스) 등의 곰팡이가 생육하고 내면에는 Bacillus(바실루스)가 90% 이상 생육하여 각 종류의 강력한 protease, amylase, cellulase, lipase 등의 효소를 분비한다.

일본식 개량메주는 Aspergillus oryzae(아스퍼질러스 오리재) 또는 A. sojae(아스퍼질러스 소재) 등의 종균을 배양하여 접종시킨다.

8) 바이오산업시대의 응용미생물학법칙

(The laws of industrial microbiology)

1980년대 미국의 폴만은 "미생물은 바보가 아니라 매우 똑똑하며 미생물은 못하는 것이 없으니 미생물과 친해져 미생물을 잘 이용하면 모두 다 부자가 될 수 있다."고 했다.

VINEGAR RECIPE

4

식초가 만들어지는 과정

천연발효식초를 만들려고 담아 놓고 이제나저제나 기다려도 잘 되지 않아 술로 생각하고 미루어 두다 보면, 어느새 식초가 되어 있는 경우가 종종 있다. 술을 좋아하는 사람에게는 맛있는 술이 식초가 되어버리면 아까운 일이지만, 식초를 좋아하는 사람에게는 술이 식초가 되기를 아무리 기다려도 잘 되지 않아 목이 빠진다.

식초를 담그면서 배우고 터득한 것이 있다면 기다림이란 것이다. 금방 맛을 낼 수 있는 음식이라면 문제가 되지 않겠지만, 발효식초는 어떤 식료가 주는 순수한 식초의 맛을 내는 데 시간이 필요하다.

발효(醱酵. Fermentation)란 넓은 의미로는 미생물이나 균류 등을 이용해서 인간에게 유용한 물질을 얻어내는 과정을 말하고, 좁은 의미로는 산소를 사용하지 않고 에너지를 얻는 당 분해과정을 말한다. 알코올 발효 또는 에탄올 발효는 포도당, 과당 등을 에탄올(알코올)과 이산화탄소로 분해하는 것이다.

효모는 육탄당과 같은 단당류를 먹이로 삼는다. 효모는 무기호흡과 유기호흡도 가능하며, 무기호흡을 통해 산소의 공급 없이도 육탄당을 분해하여 에너지를 얻을 수 있다 효모는 무기호흡 과정에서 피루브산을 분해하여 알코올과 이산화탄소를 배출하며, 유기호흡과정에서는 물과 이산화탄소만을 배출하는데 제빵 등에 활용한다.

젖산균발효는 글루코스(glucose, 포도당), 프럭토스(Fructose, 과당), 수크로스(sucrose, 자당)로부터 젖산을 만드는 발효이며, 초산균발효는 알코올 발효나 젖산 발효와는 달리 산소를 이용하여 유기물을 분해한다.

1) 발효와 부패

부패는 미생물이 유기물을 분해할 때 악취를 내거나 유독물질을 생성하는 경우를 말한다. 이는 부패균에 의해서 일어나는데 발효와 부패는 모두 미생물에 의한 유기물의 분해현상이다. 발효와 부패의 차이는 인간에게 있어 유용한 경우 '발효'라 부르고 유용하지 못한 경우 '부패'라 한다. 그러나 사실상 넓은 의미에서는 발효도 부패에 포함된다.

발효는 우리의 음식 조리방법으로 널리 활용되는 기술이며, 우리가 먹는 음식의 1/3은 발효된 음식이다. 김치, 장아찌, 젓갈, 발효식초, 자우어크라우트(양배추를 발효한 독일음식), 장류(간장, 된장, 고추장, 청국장)를 비롯하여, 탁주 · 청주 · 맥주 · 포도주 · 과실주 등의 각종 주류, 식초, 빵, 치즈, 요구르트 등이 모두 발효식품이다.

2) 발효과정

산소를 사용하는 산소호흡과 산소를 사용하지 않는 무산소호흡이 있는데, 산소호흡에서는 유기물(포도당)을 분해(해당 : 解糖)할 때 미토콘드리아가 산소를 사용하여 무기물로 완전분해를 하는데 결과물로는 이산화탄소와 물이 나오고 이 과정에서 ATP(에너지)와 열이 발생한다.

무산소호흡에서는 유기물(포도당)을 분해할 때 미토콘드리아가 없는 원핵세포인 미생물이 산소를 사용하지 않으며 불완전분해가 되는데, 이때 중간생성물이 생성되는 것이 에탄올(알코올), 젖산, 아세트산이다. 이 과정에서도 ATP(에너지)와 열이 발생한다. 미토콘드리아가 없기 때문에 산소를 이용하지 못하고 산소호흡에 비해 ATP를 많이 만들지 못한다.

무산소호흡의 발효과정에서 미생물이 포도당을 2개의 피루브산으로 분해할 때 미토콘드리아에 의해서 분해가 되지 않으므로 다른 물질로 전환되는데 이 과정에서 피루브산은 에탄올이나 젖산으로 환원되며 이것이 발효과정이다.

알코올로 발효되는 과정을 살펴보면, 효모는 산소를 사용하는 유산소호흡과 산소를 사용하지 않는 무산소호흡을 할 수 있다. 산소를 사용하면 제빵 등에 사용되고 산소를 사용하지 않으면 알코올 발효가 된다. 포도당은 2개의 피루브산으로 전환되고 다시 2개의 아세트알데하이드로 환원되며 나중에 2개의 에탄올(알코올)이 나와 술이 된다. 이때 NAD^+라는 조효소가 중간중간 사용되며, 이렇게 해당 과정이 끊이지 않고 반복되는데 여기서 이산화탄소가 방출된다.

에탄올(알코올)에 산소가 주입되면 아세트산 발효로 넘어가 아세트산(초산)이 나온다. 젖산발효는 해당 과정에서 포도당이 피루브산으로 전환된 후 탈탄산 반응 없이 젖산으로 넘어간다. 천연 탄수화물이 발효와 산화과정을 거쳐 생성된 묽은 아세트산 수용액을 식초라고 한다.

VINEGAR RECIPE

5

천연발효식초

천연발효식초가 좋다는 것은 누구나 잘 알고 있다. 할머니의 부뚜막에서 익어가던 식초는 배가 아파서 울던 손녀의 약이 되었고 넘어져 긁힌 다리에 바르면 상처를 소독하고 아물게 했다. 또한 더운 여름날 할아버지의 음료수가 되었고, 손님들에게 대접할 맛있는 화채에 사용되기도 했다. 천연발효식초야말로 자연에서 불러온 미생물군단이 만들어 낸 걸작이다.

그러나 이제 예전처럼 각 가정마다 발효식초를 만들어 먹지 않는다. 일제 강점기를 거치면서 일반 가정에서는 술을 담그지 못하게 했기 때문에 그 맥이 끊어져 전통을 이어오지 못한 것이 원인이다. 경조사가 있을 때, 힘든 일을 하고 난 뒤, 좋은 사람이 왔을 때 정을 나누던 전통주는 우리 손을 떠나갔다.

간혹 몰래 술을 담갔다가 일본순사에게 들키기라도 하면 술항아리는 그 자리에서 깨어지고, 소 한 마리 값의 많은 벌금을 내야 했다. 소가 없으면 집이라도 내어 놓을 정도로 엄했기에 어떤 집은 술을 뺏기지 않으려고 술

단지를 들고 도망가 깊은 산속에 숨기기도 했다. 미처 숨기지 못했으면 들키기 전에 벌이 두려워서 아깝지만 쏟아 버리기도 했단다.

우리네 어머니들에게 전해들은 이런 안타까운 이야기는 가슴을 먹먹하게 만들었다. 먹을 것이 없어 굶어 죽는 시절에 무슨 술을 담가 먹느냐 하겠지만, 흥을 유난히 좋아했던 우리민족은 한 잔의 막걸리에 고된 노동을 달랬고 마을마다 집집마다 익어가는 술맛으로 서로의 정을 나누었다. 전통 술을 없애는 것은 우리 민족문화를 말살하는 정책 중 하나였다. 그렇게 전통주의 맥이 끊어졌고 집에서 담그는 맛있는 전통발효주가 없으니 당연히 술의 자식격이라 할 수 있는 전통발효식초도 없어졌다. 그 여파가 지금까지 내려와 우리는 전통발효식초를 담는 기술을 잊어버렸다. 마을마다 집집마다 술 익는 향기가 났다는 박목월 시인의 시 구절이 생각난다. 우리의 전통발효주와 식초가 언제 어떻게 우리 곁을 떠나갔는지 생각도 하지 않는 현실이 안타까울 뿐이고 일본이 발효의 종주국인 것처럼 알고 있는 것이 한심하다. 일본국균(日本國菌)인 황국균(아스퍼질러스 오리재(Aspergillus oryzae))을 우리나라는 엄청나게 수입하고 있으며, 일본은 전 세계로 엄청나게 수출하고 있다.

이제 우리 음식에는 우리가 만든 균을 넣어야 한다. 한국의과학연구원에서 연구 · 개발한 황세란유인균은 대한민국의 대표균, 우리의 국균으로 우리 곁에 다가왔다. 시절에 맞게, 시기에 맞게, 환경에 맞게 이제 첨단의 시대를 걸으며 변해가야 한다. 돌아가려고 해도 돌아갈 수 없으니 이제 시대에 맞는 방법으로 우리의 술과 식초를 찾아가도록 하자.

모든 사람이 공기 좋은 시골로 갈 수 없는 현실에서 한탄만 하고 있을 것이 아니라 대다수가 도시에서 삶을 꾸려가는 현실에 맞는 선택을 해야 한다. 인체에 유익한 유인균의 힘을 빌려 새로운 삶을 계획해보자.

쌀, 밀, 보리 등으로 누룩을 빚어 자연에 존재하는 젖산균과 효모들을 불러 모아 군집시켜 둔다. 좋은 누룩은 좋은 술과 좋은 식초를 내기 위한 초석이 된다. 환경이 좋은 곳에는 좋은 미생물이 많다. 좋은 미생물이 있어야 좋은 술이 나오고 좋은 식초가 탄생한다. 식료에 자연에서 배합한 누룩을 넣고 효모를 접종시켜 좋은 술이 만들어지면, 식초를 만들기 위한 조건을 조성하여 식초를 만드는 일꾼들을 항아리 속으로 불러 모아야 한다. 식초를 만드는 일꾼들은 부른다고 쉽게 오지 않는다. 시간을 두고 기다려야 하니 긴 세월을 투자해야 한다.

일단 초산균이 항아리에 들어와야 생명활동을 하면서 식구를 늘리고 식초를 만들고 익히고 숙성시켜서 진짜 천연발효식초를 탄생시킨다. 따라서 자연발효식초가 되는 항아리를 귀한 사람 대하듯 조심히 다루고 잘 보살펴야 한다. 이렇게 해서 만들어진 식초는 종초가 되어 또 다른 자식을 길러내고, 그 자식이 완전한 식초가 되기까지 기다리고 기다려서 천연발효식초는 천천히 세상으로 나오게 된다. 얼마나 많은 노력과 시간이 투자되어야 하는지 많은 사람들이 알고 있다.

하지만 여건이 허락되지 않은 대다수는 그렇게 할 수 없다. 그래서 제대로 만들어진 천연발효식초는 아무리 비싸도 당연한 것으로 안다. 하지만 비싼 가격 때문에 좋은 줄 알면서도 눈길만 보내고, 먹어볼 엄두는 내지 못한 채 아쉬운 대로 마트에서 판매하는 저렴하면서 무늬는 천연발효식초와 비슷하지만 실제로는 천연발효식초가 아닌 식초를 먹는다. 그리고는 또 걱정한다. 내가 먹고 있는 식초는 괜찮은 것인지….

결국 내 손으로 직접 만드는 것이 제일이다 싶어 집에서 만들어 보려고 분주하게 나서보지만 천연발효식초를 만드는 것에 성공한 예는 그리 많지 않다. 가장 큰 이유는 도시에서는 좋은 미생물을 만나기 어렵기 때문이다. 미생물은 어디에나 존재하지만 지역이나 주위환경에 따라 현저히 다르다. 좋은 미생물은 좋은 술과 식초의 기초다. 여기서 좋은 미생물이란 발효를 잘 하는 미생물을 말한다. 미생물 중에는 발효를 잘 못하는 미생물도 있고, 공연히 끼어들어 방해하는 미생물도 있으며, 아예 못쓰게 해버리는 미생물도 있다. 이런 미생물을 내가 원하는 대로 얻을 수 없으니 실패 확률이 높아지는 것이다.

식료를 넣고 상점에서 파는 술을 부어 시간이 지나면 식료의 이름을 딴 술이 탄생한다. 마찬가지로 식초도 그렇다. 바나나를 병에 담고 주정식초를 부어서 바나나식초라고 한다. 바나나와 식초가 만났으니 틀린 말은 아니다. 하지만 엄밀하게 말하면 식초에 바나나를 우려낸 것일 뿐이다. 바나나 식초는 순수하게 바나나에서 추출하여야 한다.

미생물은 처음 발효를 주도하고 시작하는 대장(大將) 미생물에 따라서 그 성질이 달라진다. 힘세고 강한 능력을 가진 대장(大將)이 아류(亞流) 미생물 세계를 지배하면 모두 그 미생물을 따라 변해간다. 대장(大將) 미생물이 좋은 균이든 나쁜 균이든 관계없이 대장을 따라가는 것이다. 환경이 그닥 좋지 않은 도시에서 좋은 미생물을 만난다는 것은 쉽지 않다. 성질이 좋고 건강하고 유익한 미생물은 도시보다는 공기 좋은 산속에 많다. 항아리의 경우 도시에도 좋은 항아리는 많지만 들락거리는 미생물이 의심스럽다. 도로 한 복판에 항아리를 두고 발효를 한다면 어떤 미생물이 찾아올

까? 답은 뻔하다.

좋은 천연발효식초를 먹고 싶은 마음은 누구나 같다. 그렇다면 자연에서 항아리를 열어 둔 상태에서 좋은 미생물을 맞아들일 수는 없더라도 발효를 주도하는 건강한 미생물을 접종시켜 발효식초를 만들어 먹는다면 어떨까?

황세란유인균은 천연발효식초를 만들기 어려운 도시환경에서 숨을 쉬는 항아리가 없이도 발효를 할 수 있는 인체에 유익한 균이다. 힘세고 강한 능력자들을 이미 자연에서 불러 모은 것이다.

VINEGAR RECIPE

6

진시황이 유인균발효 식초를 만났더라면

식초는 술 만큼이나 오랜 역사를 가지고 우리 곁에 있다. 술 다음에 생성되는 것이 식초이기에 그럴 것이다. 식초가 만들어지는 과정은 식료에 효모가 생명활동을 하여 알코올이 만들어지고 알코올 도수가 낮아지면서 산소와 접촉할 때 초산(아세트산)균이 활동하면서 생성된다. 그러나 식초에 초산만 들어있다면 식초라고 말할 수 없다고 본다. 유인균발효식초에는 젖산균도 다량 함유되어 초산균과 젖산균이 함께 들어 있어 부드러운 맛을 내는 특징이 있다.

지구상에 존재하고 것은 미생물을 떠나 존재할 수 없다는 것이 계속 증명되고 있다. 미생물이 없다면 지구는 아마 썩어버렸을 지 모른다. 지구는 스스로의 정화를 위해 미생물을 품고 있는 것이다. 인간도 역시 미생물을 떠나 살 수 없다. 미생물은 인간과 전혀 다른 개체이지만 우리의 몸 안팎에 자리하여 늘 함께 살아가는 존재이다.

많은 사람들은 공기 좋은 산 속에서는 더 건강한 생활을 할 수 있다고 생각한다. 거기에는 맑은 공기만 있는 것이 아니라 깨끗하고 맑은 공기 속에 좋은 미생물이 대거 살아가고 있다. 좋은 환경에서 인체에 존재하면서 건강을 해치고 있거나 도움이 되지 않는 기존의 유해한 균들을 유익한 균으로 교체하여 건강의 기초부터 다지는 것이다.

식초는 우연한 발견으로 우리 곁에 온 것이 아니라 자연의 이치에 의해서 필연적으로 나타난 결과물이라고 할 수 있다. 왜냐하면 미생물의 생명활동의 결과물이기 때문이다. 미생물의 일종인 초산균(Acetobacter)과 젖산균(Lactic acid bacteria) 등이 식초를 만들어 낸 것이다.

식초가 좋다는 것은 이미 공공연한 사실이지만 더 구체적으로 알아볼 필요가 있고 인류의 건강을 위해 꾸준히 연구해야 할 가치가 충분하다.

인체 치유의 메커니즘을 최종적으로 분석해 보면 결국 우리 몸 안의 체계에서 치유가 진행된다. 어떠한 약이나 식료가 직접적인 작용을 통해 치유하기 보다는 신체가 스스로 치유할 수 있도록 도와주는 것이다. 치유작업은 인체 스스로에 의해 이루어진다. 질병에 좋다는 약들도 치료과정을 도와주기는 하지만 인간의 몸은 다소의 독성분이 함유된 약보다는 스스로의 면역체계를 통해 병을 이기는 것이 더 바람직하다.

천연발효식초 역시 직접적으로 질병을 고치지는 않는다. 인체의 통제 없이 천연발효식초가 인체 내의 병원균을 없애거나 치유작업을 진행할 수는 없다. 그러나 일단 체내의 유해균이나 독 성분이 제거되면 질병 치유가 좀 더 빠른 속도로 진행될 수 있다. 천연발효식초는 질병을 치유하는 것이 아니라 영양소를 공급하는 혈관을 정화하고 영양소를 제공함으로써 인체의 면역체계를 도와 우리의 몸이 스스로 질병을 치유할 수 있도록 돕는다.

잘 아는 대로 진시황은 무병장수를 꿈꾸었다. 사기(史記)에 의하면 분열된 중국을 통일하고 스스로를 첫 황제라 칭하며 불사불로(不死不老)의 꿈을 이루고자 했던 진시황제(秦始皇帝)는 동방의 나라에 먹으면 장수를 누리고, 죽은 사람의 얼굴에 놓으면 생명이 소생한다는 영험한 버섯 이야기를 듣고 신하 서복(徐福)을 보낸다. 5,000명의 일행과 동남동녀 3,000명, 수많은 장인들을 이끌고 동쪽으로 떠난 서복이 실제로 불로초를 구했는지는 알 수 없으나 다시 중국으로 돌아오지 않았다고 한다. 어쩌면 불로초를 구한 뒤에 그곳에 눌러 앉았는지 모르고, 정말로 불로초를 구했다면 굳이 폭군인 시황제에게 돌아와 고생할 필요도 없었을 것이다.

시황제가 그렇게 갈구하던 불로초는 없었으며 오래 살기 위해 약을 쓰는 황제를 위해 주치의들은 '수은'을 영생불멸의 물질로 처방하게 되었다. 수은은 소량 섭취 시 일시적으로 피부가 팽팽해져 진시황은 수은을 불로장생 약으로 믿게 되었던 것이다. 그 당시 '수은'은 금이나 은과 같은 귀금속이었는데 진시황은 전국의 수은을 모아 연못을 만들어 놓고 수시로 먹고 얼굴에 발라 결국 수은 중독으로 코가 썩고 정신병이 생겨 폭정을 거듭하다 49세에 세상을 하직했다.

진시황이 일찍이 황세란유인균 발효식초의 위력을 알았더라면 불로초를 찾지 않고 발효식초에 젖어 들어 건강을 유지하면서 심성마저 고와져서 위민하는 군자가 되고 부귀영화를 오랫동안 누리지 않았을까?

VINEGAR RECIPE

7

효소액일까, 설탕물일까?

몇 년 전에 효소액이 한창 유행했었다. 그런데 효소가 아니라 설탕물에 불과하다는 이야기에 금새 시들해졌고 지금은 대부분 ○○청으로 부른다.

효소는 생명의 생리작용에 관여하는 단백질 촉매제로 그 자체도 단백질이다. 살아있는 생명마다 스스로의 생육을 위해 효소가 존재하지만 모두 서로 다른 구조를 가지고 있다. 우리들이 소의 생간을 즐겨 먹는 것도 생간에 들어 있는 카탈라아제 효소를 몸이 원하기 때문일 것이다. 미생물을 이용해 발효한 유인균발효식초에는 미생물이 살아 있어 리파아제, 프로테아제와 셀룰라아제, 아밀라아제 등의 효소 성분이 들어 있다. 이런 효소단백질이 인체에 들어오면 소화효소들에 의해 인체에 맞게 아미노산으로 분해된다.

최근 발효식초가 조금씩 부상하고 있다. 어쩌면 자연발효식초도 천연발효식초도 유인균발효식초도 일시적 유행에 그칠지 모른다. 하지만 우리의 김치와 된장, 고추장이 유행에 관계없이 우리 식생활에 없어서는 안 되는 음식이 된 것처럼 유인균발효식초 역시 우리 식생활에 꼭 필요한 음식이 되리라 확신한다.

전국을 다니며 강의를 하는지라 많은 사람들의 실상을 어렵지 않게 알 수 있는데 대부분의 사람들이 여전히 식료와 설탕의 1 : 1 절임 비율에서 벗어나지 못하고 있다. 이유가 뭘까? 답은 공통적이다. 1 : 1 절임이 아니면 부패하게 된다는 것이다. 좋은 종균은 부패를 막는다. 부패가 문제라면 좋은 종균으로 해결할 수 있다. 그러나 우리에게는 여전히 달게 먹으려는 욕구가 강하게 남아 있다.

유인균발효에 대한 강의를 하면서 식료와 설탕의 비율을 1 : 0.5~0.1까지 낮추어도 나름대로 가치와 용도가 있으며, 부패가 아닌 발효의 맛을 볼 수 있다고 하면 어떻게 그런 일이 있을 수 있냐며 믿기지 않아 한다. 직접 경험해보지 않은 데다가 전해들은 설(言)로 인한 고정관념이 뿌리 깊이 박혀 있는 것이다. 이제 변화를 시도해야 한다.

예전에는 오래 두고 먹기 위해 술에 담그고, 소금에 절였다. 소금도 비싼 시절에는 그것도 못했다. 설탕도 마찬가지다. 지금은 설탕이 저렴하여 마구 넣는다. 그러면서 건강을 걱정하고 있다. 식료의 성분이 설탕의 삼투작용으로 세포가 부풀어 오르다가 결국에는 세포막이 터져 나왔으니 식료의 유용한 영양성분이나 화학성분이 녹아있을 것으로 본다.

식료의 좋은 성분이 추출되어 그 효능을 발휘하여 인체에 유익한 작용을 해준다면 이해는 가지만 설탕을 지나치게 먹어야 하니 그게 문제다. 물에 타서 연하게 먹으면 대신 오랫동안 먹어야 효능을 볼 수 있으므로 그도 어렵다. 설탕을 넣으면 식료가 부패하지 않는 이유는 설탕도 소금과 마찬가지로 매우 안정한 성분으로 잘 변하지 않기 때문인데 결국 몸에 들어가도 설탕(과당)인 것이다.

만약 미생물이 많이 번식하여 발효가 제대로 되었다면 그들의 생명활동으로 인해 설탕을 분해하며 에너지를 획득하고 다량의 젖산을 생성하여 신맛이 나고 당류를 발효하여 퓨코스, 만노스, 갈락토스 등의 글리코당 영양소로 바뀌어 인체에 유익한 작용을 한다.

그러나 농도가 진한 설탕절임에서는 발효가 일어나기 어렵다. 발효를 주도하는 것은 설탕이 아니라 미생물이다. 미생물이 포도당과 과당을 분해하여 먹고 살기 때문에 당분이 필요하긴 하지만, 미생물도 생명이므로 진한 설탕물 속에 들어 있으면 삼투작용에 의해 죽게 되므로 발효를 하기 어렵다.

사람이 자기 몸무게만큼의 설탕 속에 앉아있다면 삼투작용에 의해서 체액이 전부 빠져나올 것이다. 찜질방에서 소금을 몸에 바르고 열을 한참 가한 후 나오면 몸무게가 줄어든 것을 느끼듯 말이다. 소금처럼 설탕도 같은 작용을 한다. 식료와 설탕 비율을 1 : 1로 하여 절이면 설탕물 윗부분에 거품이 나고 발효되는 것처럼 보인다. 식료의 수액이 빠져나와 설탕보다 가볍기 때문에 위에는 식료의 수분이 설탕의 농도를 낮추어 주어 미생물이 살 수 있지만 아래는 너무 진한 설탕물로 인해 미생물이 살 수 없다.

이것은 필자가 위상차 현미경으로 관찰하면서 많이 본 사실이다. 항아리의 아래쪽에 제대로 녹지 않은 진한 설탕가루나 설탕물을 다시 끌어 올리면 그나마 위에서 발효를 주도하던 미생물마저 죽어버리니 또 시간을 두고 미생물을 불러들여야 하기 때문에 시간이 많이 지체된다. 만일 매실과 설탕을 1 : 1로 담갔다면 그것은 매실발효청이라기보다 그냥 매실청으로, 발효라는 단어를 붙이기 어렵다. 왜냐하면 발효가 되지 않았기 때문이다.

매실맛이 느껴지는 단맛이 필요하다면 이렇게 사용해도 된다. 그러나 진정 매실을 발효한 발효식품을 원한다면 필요에 따라서 설탕의 농도를 낮추어야 한다. 이렇게 해서도 얼마든지 발효가 가능하다. 매실에 들어 있는 유용한 유기산을 어렵지 않게 추출하여 건강을 도모하는 데 일조할 수 있다.

발효는 미생물의 힘을 빌리는 것이므로 유인균으로 종균하면 균이 시간을 지체하면서 미생물을 기다릴 필요가 없다. 식물의 수액에 적은 양의 설탕이나 포도당으로 얼마든지 가능하다.

VINEGAR RECIPE

8

산성과 염기성(알칼리성) 바로 알기

식초는 신맛이 나는 산성 식품이다. 산(酸)을 만들어내는 초산(아세트산)과 젖산이 주류를 이루고 각종 유기산들이 들어 있다. 수소이온이 많은 산성 물질이 물에 녹으면 물의 수소이온 농도가 변한다. 염산분자가 물속에서 깨어지면서 수소이온(H^+)을 내놓기 때문이며 수소이온이 많은 산성 물은 칼슘, 마그네슘, 아연 등과 같은 금속을 녹인다. 식초병 뚜껑을 금속으로 할 수 없는 이유가 여기에 있고, 식초가 되었는지 알기 위해 동전을 올려서 부식하는 것을 보는 이유도 여기에 있다.

식초에 달걀을 넣으면 기포를 내면서 껍질이 녹아버리는데 달걀껍질의 구성성분이 탄산칼슘이기 때문이다. 산성 물질에 넣으면 수소이온이 증가하면서 pH는 7보다 작아지고 염기성 물질을 물에 넣으면 pH가 7보다 커진다.

산성과 대립하는 물질이 염기성인데 흔히 알칼리라고 한다. 우리 선조들은 일 년의 농사를 마친 논이나 밭에 불을 지르고 잿물을 뿌려 땅이 산성으로 변하지 않도록 관리했다. 또 나뭇가지나 마른 식물의 줄기를 태운 재를 물에 우려 세제로 사용했다. 양잿물은 서양에서 들어온 잿물이라고 해서 붙여진 이름이었다. 수산화나트륨이 물에 녹으면서 수산이온(OH^-)을 내놓기 때문에 염기성을 띤 물질은 미끈거리고 쓴맛을 가지고 있으며 비누, 베이킹파우더, 식용소다, 각종 세정제, 암모니아수 등이 있다.

산성이라고 하면 나쁘다고 생각하고 알칼리라고 하면 좋다고 생각하는 경우가 있는데 강한 염기성은 알루미늄을 녹여버리기 때문에 어느 것도 무조건 좋거나 나쁜 것은 아니며 산성도 알칼리성도 강하면 모두 맹독성 물질이 될 수 있다. 때문에 제대로 알고 다루어야 한다.

이렇게 맹독성 물질도 극적인 남자와 극적인 여자처럼 만나면 특이한 반응이 일어난다. 염산과 수산화나트륨을 1 : 1로 섞으면 서로의 강한 독성은 사라지고 중화반응에 의해 무해한 소금물이 생긴다. 산과 염기가 분해되면서 나오는 수소이온과 수산이온은 물이 되고, 남은 찌꺼기는 소금(鹽)이 되는 것이다. 혹시나 잿물을 모르고 먹은 강아지가 있다면 즉시 식초를 먹이면 빠르게 중화된다.

VINEGAR RECIPE

9

식초를 먹으면 산성 체질이 알칼리성 체질로 변한다고?

산성인 식초를 먹으면 체내에서 알칼리성으로 변한다고 한다. 신기한 이야기다. 산이 염기로 바뀐다면, 염기도 산으로 바뀔 수 있을까? 여기에 대해서 제대로 알 필요가 있다. 산성은 산이고 염기성은 염기인데, pH가 다소 낮은 식초를 먹어도 별로 위험하지 않은 이유는 인체의 신비로운 조화에 있다. 더욱이 우리가 식초를 섭취할 때는 원액 그대로를 마시는 경우는 별로 없으며 상당한 양의 물에 희석하거나 음식에 첨가하여 먹으므로 인체의 pH에 큰 영향을 미치지 않는다.

인체의 화학반응에 가장 큰 영향을 미치는 요소는 체액의 수소이온(pH) 농도와 체온이다. 흔히 산성 체질이네 알칼리성 체질이네 하는데, 우리 인체의 혈액과 체액은 pH 7.4로 약알칼리성이다. 우리 인체는 매우 민감하여 pH의 균형이 범위를 벗어나게 되면 체내의 화학반응이 심각해지고 생명이 위태로워진다. pH 0.1~0.2 차이가 나도 체액은 100~200%의 차이가 되므로 엄청나다고 볼 수 있다.

물론 pH 7.4에서 pH가 조금이라도 낮아지거나 높아지면 산성 체질이나 알칼리성 체질이라고 이해한다. 피부는 약산성을 유지하며, 인체의 각 부분마다 약간씩 pH가 다르게 나타나기도 한다.

인체의 pH는 생활습관이나 패턴에 따라 다를 수도 있고 그 기준점에서 벗어나면 질병이 생기거나 여러 가지 탈이 나는 것이 당연하다.

우리 인체는 산성인 곡류나 육류를 먹고 콜라를 마셔도, 알칼리성인 식물이나 버섯, 해조류를 먹고 감자를 갈아 마셔도 어느 한쪽으로 쉽게 치우치지 않는다. 만약 한쪽의 성질만 계속 먹어댄다면 어느 정도 영향을 받을 수 있겠지만 일반적으로는 균형을 유지한다. 그 이유는 체내의 세포에서 배출하는 이산화탄소가 혈액에 녹아들면서 풍부하게 존재하는 약산인 탄산이온(H_2CO_3)과 염기인 탄산수소이온(HCO_3^-)이 혈액의 pH를 일정하게 유지하는 역할을 하고 있기 때문이다. 탄산의 농도는 이산화탄소의 혈중 농도에도 의존하므로 결국은 이산화탄소와 탄산수소이온이 우리 몸의 pH 조절 기능을 맡고 있다.

인체는 산소를 이용하여 영양소(포도당)를 이산화탄소와 물로 완전히 분해하고 많은 양의 ATP(에너지)를 생성하며, 탄수화물을 태울 때 나오는 열에너지로 체온을 유지하고 눈을 깜빡이며, 말을 하고, 음식을 먹고, 팔다리를 움직이며, 일상생활에 필요한 모든 활동을 하면서 살아가는 것이다.

이산화탄소는 폐를 통해 몸 밖으로 배출되고 과량 생성되는 탄산수소이온 및 수소이온은 신장을 통해 몸 밖으로 배출되기 때문에 폐장과 신장도 pH 조절에 한 몫을 하고 있다. 이런 에너지 활동에서 다량의 활성산소가 방출되는데, 우리 인체에 효소가 없으면 활성산소들을 처리할 수 없다.

체내에서 24시간 발생하는 활성산소로 에너지를 만드는 미토콘드리아에서 생성되는 초과산화수소(super oxide radical(O_2^-))를 SOD(Super Oxide Dismutase)라는 효소를 이용해 과산화수소(H_2O_2)와 산소(O_2)로 분해시키고, 반응성이 뛰어난 과산화수소를 다시 물(H_2O)과 산소(O_2)로 연소시키려면 외부의 일반적인 상태에서는 400℃ 이상의 온도가 필요하다. 하지만 인체 내 효소 카탈라아제(Catalase)가 과산화수소를 물과 산소로 순식간에 촉매한다. 카탈라아제의 촉매 때문에 36~37℃에서도 화학반응이 가능한 것이다. 만약 카탈라아제가 없다면 세상의 모든 생체는 불에 타버릴 것이다. 이렇듯 효소들은 체내에서 걷잡을 수 없는 "불"이 나지 않도록 철저하게 관리하고 있다. 이런 여러 연소반응을 통해 인체에는 많은 양의 노폐물이 생기는데 바로 물과 이산화탄소다.

적혈구에 고농도로 존재하고 있는 "탈탄산수소 효소"는 이산화탄소가 혈액에 녹아서 탄산수소 이온이 되는 과정을 아주 빨리 일어나도록 도와준다. 혈액에 녹아 있는 이산화탄소의 90%는 이렇게 만들어진 탄산수소 이온의 형태로 존재한다. "탄산수소이온"은 이미 가지고 있는 수소이온을 내놓을 수 있는 "산"이기도 하면서, 한편으로는 하나의 수소이온을 더 받아들일 수 있는 "염기"이기도 하다. 이것이 바로 인체 신비의 핵심이다. 산과 염기의 이중성을 가지고 있는 탄산수소이온은 산성 물질이 들어오면 염기로 작용하고, 염기성 물질이 들어오면 산으로 작용하는 "완충작용"을 한다. 그래서 식초를 먹어도 혈액의 pH는 일정하게 유지된다.

우리 주변의 음료 중에서 오렌지 주스는 pH 3.5, 콜라 pH 2.5~3, 맥주

pH 4.5, 토마토 주스 pH 4.3 정도이다. 신맛을 느낄 수 없는 우유도 pH 6.4 정도의 약산성을 띠고 있다. 생각만 해도 시큼해서 그냥은 도저히 먹기 어려운 레몬은 pH 2~3으로 산도가 강하고 살균 작용이 있어서 회에 뿌려 먹는다. 매일 배출하고 있는 소변 역시 pH 5~7이다.

식초의 산기는 혈관에서 과도하게 침착되어 석회질(강염기)이 될 수 있는 물질(미네랄)들을 중화시키거나 녹이는 역할로 혈액의 흐름을 원활하게 하는 데 도움을 준다.

VINEGAR RECIPE

10

위산-위장 속에서는 살균제, 위 밖에서는 독극물

인체의 성벽이라고 하면 피부를 들 수 있겠다. 피부는 거대한 장기이면서 외부로부터의 오염 및 위험을 최전선에서 막아냄으로써 인체를 보호하고 있다. 피부의 성벽이 무너지면 수많은 위험요소로 인해 걷잡을 수 없이 무너지게 될 것이다. 피부를 함부로 다루면 성벽이 무너지는 것과 같은 위험을 초래할 수 있다. 그 피부에 상주하면서 외곽을 지키고 있는 미생물들은 다른 균들이 침범하면 즉시 퇴출시켜 자기들의 자리를 확보하는 파수꾼이라고 할 수 있다. 그런데 각질을 너무 많이 벗겨버리면 상주미생물들도 함께 사라져 성곽은 위험에 노출되어 염증 등에 감염될 수 있으므로 적절히 관리해야 한다.

피부가 외부의 성벽이라면 입은 성 내로 들어가는 유일한 문이다. 이 성문에서 어지간한 것은 다 걸러지게 된다. 덩어리가 쉽게 들어갈 수 없도록 치아로 부수고 으깨어 침으로 잡균을 녹이고 제거한다. 입에서 목구멍으로 넘어가기 전 입속 혀뿌리의 오돌토돌한 곳에서 성문 파수꾼들은 우리가 삼키는 모든 것을 점검하고 불순한 것들은 걸러내 퇴출시킨다. 성문의 검사를 마친 음식물은 위속에서 다시 한 번 더 점검을 받게 된다.

위에는 pH 1~1.5 정도 되는 강한 독성을 지닌 위산이 위벽에서 분비된다. 이어서 펩신이 분비되어 위산과 함께 입에서 내려온 단백질을 분해한다. 이때 용케도 침에 걸리지 않고 내려온 대부분의 미생물도 녹여 소독한다. 유해한 미생물 소독을 위해 독한 염산을 찾아 먹을 필요가 없다. 위산은 염산과 비슷한 pH를 가지기 때문에 위산이 위에 머물지 않고 위장 밖으로 나오면 독극물이 된다. 그러니 위에 머물던 음식을 함부로 토하지 않도록 해야 한다. 그러지 않으면 식도가 위산의 위험에 노출된다.

그런데 신기한 것은 단백질로 되어 있는 위벽이 강한 위산에도 분해되지 않고 견딘다는 사실이다. 음식을 먹기 시작하면 호르몬의 작용에 의해 위벽에서 제일 먼저 위산에 분해되지 않는 항펩신, 항염산 작용을 하는 뮤신이란 특수한 점액을 분비하여 위벽을 덮는다. 이후에 위산이 분비되기 때문에 위벽은 위산으로부터 안전할 수 있는 것이다. 독극물인 위산에도 파괴되지 않는 헬리코박터 파일로리(Helicobacter pylori)는 위암을 발생시키는 유해균이다. 헬리코박터균은 위산으로부터 다소 안전한 위장의 아래쪽인 유문에 사는 나선형 균인데, 위산이 나올 때 스스로 뮤신을 뿜어내어 몸을 감싸고 위산의 위험으로부터 방어하면서 살고 있다. 유인균들도 위산을 피해 장으로 가기 위해 뮤신을 만들어 낸다.

철문이 녹슬지 않도록 페인트칠을 하는 것과 같은 이치로 뮤신은 위벽과 위산의 만남을 차단하는 페인트 역할을 한다. 뮤신은 위산이나 펩신이 녹일 수 없는 당단백질 사슬로 되어 있다. 음식을 먹지 않으면 위산은 분비되지 않는다. 음식을 보고 눈으로 확인하고 코로 냄새를 맡으며 먹을 준비를 시작하면 위장도 음식을 받아들일 준비를 하여 뮤신으로 위벽을 보호하는 것이다. 위산은 우리가 먹은 음식 속에 들어 있는 염화나트륨(NaCl, 소금)에서 나온 염소이온과 혈액에서 생기는 수소이온이 위벽에서 함께 배출되면서 만들어진다.

과식을 하거나 위산이 많이 분비되어 속이 쓰리면 마, 연근처럼 끈끈한 점액을 분비하는 식물류들이 도와줄 것이다. 가끔씩 제산제를 먹으면 괜찮아지는데 제산제의 수산화마그네슘과 같은 약알칼리성(염기성) 물질이 위산을 중화해준다. 술을 많이 마신 뒤 속이 쓰린 것은 위세포가 뮤신을 제대로 분비하지 못해 위벽이 노출되었을 때 위산에 의해 분해되기 때문이다. 그렇다고 너무 걱정할 필요는 없다. 엄청난 숫자의 세포가 만들어지니까. 하지만 이 사실을 믿고 위장을 지나친 위험에 빠트리지는 말자.

위산은 위에서만 분비되며 유해균으로 인해 인체가 위험에 빠지지 않도록 지켜주는 소독공장의 역할을 톡톡히 하고 있는 고마운 물질이다.

인체는 이렇게 신비스럽고 오묘하다.

VINEGAR RECIPE

11

식초를 먹어도 위장이 괜찮나요?

황세란유인균 발효식초를 맛있게 마시고 있을 때 많이 듣는 질문이다. 위장에서 나오는 위산의 pH는 1~1.5 정도이며, 유인균발효식초나 전통발효식초는 pH 3~4 정도로 위산의 pH보다 아주 약하다. 또 식초를 마시면서 원액으로 마시는 경우는 별로 없다. 식초가 아무리 좋다고 해도 원액으로 마실 필요는 없을 뿐더러 위장이 쓰린데 굳이 마실 이유도 없다.

위장이 쓰리고 속이 좋지 않은데도 꼭 마시고 싶다면 물을 많이 희석해서 아주 연하게 마시면 되고, 그래도 쓰리다고 느낀다면 마시지 않는 것이 좋다. 맛있게 먹고 싶으면 꿀이나 올리고당을 약간 가미해서 마시면 된다.

맛있는 김치국물의 pH는 4 정도 된다. 곰탕이나 설렁탕을 먹으러 가면 새콤한 무 깍두기와 배추김치가 나온다. 곰탕과 함께 먹으면 소화도 잘 되고 곰탕, 설렁탕에 김치국물을 넣고 함께 말아서 먹으면 맛도 좋다. 어느 누구도 김치를 먹으면서 산도가 높아서 시다고 물을 타서 먹지는 않는다. 그러면서 물을 잔뜩 희석하여 마시는 식초에 대해서는 걱정하고 있다.

미네랄 섭취를 위해 생수를 권장하고 과일과 생야채를 권한다. 생수를 하루 2L 정도 마시면 미네랄 흡수와 체액관리를 통해 인체 노폐물 및 체내에서 돌고 있는 쓰레기 배출을 도와서 건강을 도모할 수 있다. 그런데 생수를 하루에 2L를 꼬박꼬박 마시기란 쉽지 않다. 어떤 사람은 우리가 먹는 된장찌개나 국 등의 음식과 수시로 마시는 음료나 물을 다 합치면 2L는 거뜬히 된다고 한다. 또는 마셔야 할지, 말아야 할지 잘 모르겠다고 하면서 그냥 몸이 시키는 대로 하라고 한다. 그러다 탈이 나면 물을 안 마셔서 그렇다고 하니 종잡을 수 없다. 100인 100색이다.

물을 마시는 것은 정말 중요하다. 인체의 약 70%가 수분으로 되어 있으며 건강을 유지하기 위해서는 늘 일정한 체액을 보존하고 있어야 한다. 소변과 대변, 땀으로 빠져나가고 활동으로 인해 소실되기도 한다. 그래서 사용한 만큼 보충하는 것은 중요한 일이다.

필자는 요즘 황세란유인균 식초베이스 음료수에 유인균인삼발효식초, 유인균생강발효식초 등을 10~20% 정도 희석하여 하루 2L 정도 마시고 있다. 평소 물을 잘 마시지 않고 맛이 좋은 생수가 아니면 좀처럼 넘어가지 않는다. 늘 맛있고 좋은 생수를 마시기란 어렵기 때문에 하루 중 끼니 사이에 반 컵 정도 마시는 것이 전부였다. 차나 커피, 음료수 등도 웬만하면 사양한다. 주변의 이야기를 들어보면 필자와 같은 경우가 많다.

이렇게 물과 거의 담을 쌓았던 필자가 유인균발효식초를 희석한 물을 마시기 시작한 동기를 이야기해 보겠다.

위장이 그다지 좋지 않은 편으로, 위가 냉하여 음식물의 소화 · 흡수를 잘 못하는 편이다. 그래서인지 뭘 먹는 것을 그리 좋아하지 않았고 물 마시는 것은 정말 싫어했다. 소화가 잘 안 되니 음식에 대한 애착도 없고 먹는 것을 즐기지 않는 편이었다. 그런데다가 먹은 음식이 소화가 잘 안 되고 시간이 지나면 뱃속에 가스가 차서 속이 늘 불편했다. 소화는커녕 거의 부패가 되고 있었던 실정이었다. 질긴 섬유질의 식물성도 부담이 되기는 마찬가지다. 게다가 소고기나 돼지고기 등 육류를 먹으면 더 소화가 안 되어서 별로 좋아하지 않는다. 찬 성질을 가진 돼지고기는 더 싫어하는 편이었다. 여기에 더 중요한 것은 신 맛이 들어간 음식은 정말 싫었다. 회를 먹어도 간장에 찍어먹지 식초를 넣은 초고추장도 싫었고 초절임이나 피클, 신맛 나는 장아찌, 신 김치, 심지어 야채샐러드도 소스에 신맛이 나면 퇴장이다.

이렇게 신맛과 담을 쌓고 살았는데 유인균발효식초는 어떻게 먹게 되었을까? 유인균으로 발효를 시작하며 여러 종류의 식재료를 황세란유인균으로 종균하여 발효음식을 만들어 먹으면서 진정한 신맛을 알게 되었기 때문이다.

주정에 아세트산으로 급속 발효한 식초, 몸서리칠 정도의 신맛을 가진 대량 생산용 식초는 물을 희석하지 않으면 절대로 마실 수 없다. 물에 타도 너무 독해서 마시기 힘들다. 게다가 지독하게 맛도 없다. 그런 식초는 거의 물에 타서 먹지 않는 것으로 알고 있다. 잘 못 마시면 목이 타고 세포가 화상을 입는다. 그런 식초로 만든 장아찌와 유인균발효 장아찌는 완전히 달랐다. 황세란유인균 발효의 가장 좋은 점은 신맛이 맛있다는 것이었다.

싫어하던 고기를 먹을 일이 있으면 연한 식초 음료로 식욕을 돋우고, 고기를 먹고 난 후에도 디저트 음료로 마신다. 너무 산성을 많이 먹는가 싶지만, 소화 작용에 큰 도움을 주기 때문이다. 소화가 잘 되니 음식 먹는 일에 부담이 없어지고 음식 종류도 가리지 않게 되었다. 우리 가족들은 외식을 할 때에도 장소에 맞추어 유인균발효식초와 유인균발효김치, 유인균발효고추장, 된장, 쌈장, 간장 등 몇 가지를 가지고 간다. 그럴 바에 왜 외식하냐고 하겠지만, 그렇게 해서라도 이롭지 못한 음식의 피해를 피하려는 것이다.

언젠가 진주에서 화가 선생님을 만났는데 통풍으로 고생을 많이 하신 분이었다. 손을 보니 마디마디가 툭툭 튀어나와 있고 손가락이 굽어 있었다. 잘 나가던 시절에 건강을 돌보지 않고 무리한 생활을 한 결과로 통풍이 찾아온 것이다. 혹이 툭툭 불거져 나오며 점점 커지자 의사도, 당신 스스로도 포기한 채 죽기만 기다렸다고 한다. 그러다가 지인이 천연발효식초를 권해서 지푸라기 잡는 심정으로 하루에 식초 희석한 물 2L를 마셨더니 눈에 띄게 손가락 마디의 혹이 줄어들었고 통증도 사라지면서 건강을 되찾아 10년이 지난 지금까지 건강하게 잘 살고 있다는 것이다.

필자에게 멋진 동양화를 그려주신 그분의 이야기가 필자의 마음을 사로잡았다. '천연발효식초가 통풍에 도움이 되었다고?' 그날부터 식초를 연구하기 시작했고 눈에 띄는 식료는 모두 식초로 만들기 시작했다. 발효의 끝은 식초라고 하였기에 유인균은 발효균이니 분명히 맛있고 좋은 식초를 만들어 낼 것이라 확신하고 식초 담그기를 시작했다.

식초를 무척 싫어하던 필자였지만 식초를 만들며 제대로 완성이 되었는지 확인하기 위해 황세란유인균으로 발효한 식초를 맛보지 않을 수 없었다. 그런데 발효식초가 싫지 않았고 오히려 맛있었다. 필자가 그렇게 싫어하고 겁내던 그런 식초가 아니었다. 연구를 하다 보니 온갖 종류의 식초 맛을 보기 시작했다. 인삼으로 담근 인삼식초 마시고 물 마시고, 현미로 담근 현미식초 마시고 물 마시고…. 거의 200가지가 넘는 식초의 맛을 보았고 식초의 풍미를 알아가기 시작했다. 식초의 톡 쏘는 맛, 그윽한 맛, 감미로운 맛, 갑자기 기침을 유발하는 톡 쏘는 향, 식료의 느낌을 그대로 전해주는 향, 은근하게 풍기는 향, 또 마지막에 선물하는 아름다운 색깔은 보는 이의 마음을 사로잡는다. 그 외에 식재료가 식초가 되어서 주는 느낌, 분위기 등 식초가 주는 정감에 흠뻑 빠져 발효식초 마니아가 되었다.

석회화 건염으로 인한 어깨와 팔의 통증과 무릎 퇴행성 관절염으로 다리를 제대로 못 움직여 고생하시던 어머니도 이제는 유인균발효식초를 드시면서 매일 아침 자전거를 타며 건강하게 지내고 계신다.

VINEGAR RECIPE

12

인체의 미네랄과 석회 그리고 식초

사찰에 가면 석탑을 본다. 같은 석탑이지만 이전에 보았던 모양과는 조금 다르다. 경주 불국사에서 어린 시절 보았던 탑과 어른이 되어 본 탑은 세월의 흔적처럼 모양이 약간씩 허물어지면서 달라져 가고 있었다. 앞으로 점점 더 허물어지지 않을까 걱정스럽다. 서울 탑골공원의 국보 제2호 원각사지 십층석탑은 유리로 보호막을 쳤다. 만질 수도 없고 자세히 볼 수도 없다.

최근 들어 석탑들은 부식되고 동상들은 얼룩이 생기고 코가 떨어지거나 귀가 떨어져 나간 것을 많이 본다. 산성비와 새들의 분비물에서 나오는 산성기 때문인데 부식을 막기 위해 보호막을 치고 실내로 피신시키고 있다. 옛날에는 공해물질을 뿜어내는 자동차나 공장, 발전소 등이 별로 없어 빗물도 깨끗했다. 빗물을 받아 빨래도 했고, 청소도 했다. 빗물은 pH 5.6~6.5

의 약한 산성을 띠는데, 대기 중으로 배출된 질소나 황산화 물질이 대기의 수분과 합쳐져서 빗물로 내릴 때 황산이나 질산을 포함하고 있어 산성비라고 한다. 석회석인 석탑이나 동상을 산성비가 부식시키고 녹이는 것이다. 더러운 것만 녹이면 좋겠지만 멋진 모습들을 녹여버리니 안타깝다.

인체를 구성하는 주요 원소는 산소, 탄소, 수소, 질소, 칼슘, 칼륨, 황, 나트륨, 염소, 마그네슘, 철, 망간, 구리, 요오드 이외 기타 미네랄(무기질) 등이다. 이것들은 석회의 구성성분이기도 하다. 미네랄은 단백질, 지방, 탄수화물, 비타민과 함께 5대 영양소 중 하나이다. 미량이지만 인체 미네랄의 구성요소 중 어느 한 가지라도 부족해지면 건강의 균형을 잡기 어렵다. 특히 칼슘의 99%는 뼈대와 치아를 구성하는 중요한 요소이며, 나머지 1%는 혈액과 체액에 있으면서 근육의 수축과 이완, 혈액응고, 신경전달작용, 물질 이동 등에 중요한 역할을 한다. 혈액 속의 칼슘 농도가 낮으면 칼슘의 저장고인 뼈로부터 보충하여 세포에게 전달되어 인체의 활성화에 사용된다. 때문에 칼슘이 부족하면 골밀도가 저하되어 골다공증, 골연화증을 비롯하여 근육 수축, 경련, 구루병 등 여러 질병이 생긴다. 나이가 들면 뼈대에 의지해서 살기 때문에 나이가 들수록 칼슘은 더 중요하다.

칼슘이나 각종 미네랄은 혈관을 통해 혈액으로 이동하여 세포에게 전달된다. 말랑말랑하고 탄력이 있어야 하는 혈관이 석회화되고 딱딱해지면 혈액 흐름이 원활하지 못해 혈전(피떡)이 잘 생기며 뇌졸중, 심근경색 등의 위험이 높아진다. 혈관의 석회질은 비만, 고지혈증 등으로 생긴 미세한 염증들이 아무는 과정에서 생긴다. 그 혈관에 과산화지질이나 콜레스테롤을 비롯한 지방이 어느 혈관의 통로를 막고 있으면 미세하게 통과하는 미네랄도 그 틈에 끼여 통로를 막는 데 한 몫을 한다.

인체에 사용되고 남은 무기질은 대부분 땀이나 소변으로 배출되지만 건강 부실이나 노화로 인해 배출이 제대로 되지 않은 것은 체내에 축적되어 동맥경화, 신장결석, 관절염, 석회화건염 등 각종 질병을 일으키는 주요 원인이 된다. 어린이나 혈기 왕성한 젊은이들은 활동이 많아 열의 발산으로 인해 혈관에 이물질이 녹거나 잘 끼지 않고 배출된다. 그러나 나이가 들면 체온이 떨어지고 찌꺼기 배출도 순조롭지 못하여 체내에 축적되거나 혈관에 끼어 건강이 나빠진다.

인체의 석회를 찾는 것은 어렵지 않다. 치아에 항상 들러붙어 있으니까. 스케일링을 하지 않은 치아를 자세히 들여다보면 잇몸과 치아 사이에 치아도 아니고 잇몸도 아닌 딱딱한 것이 끼여 있다. 치과에 스케일링을 하러 가면 치석덩어리를 볼 수 있다. 꼭 몇 조각 받아서 자신의 것을 만져보기 바란다. 특별한 미네랄 모둠이니까.

긴 시간 양치를 하지 않으면 치아에 모래가 들러붙은 것처럼 까칠까칠한 것을 느끼는데, 이것은 미량의 석회로서 음식물을 먹고 입안에 남아있던 칼슘과 미네랄들이 당과 들러붙어 모래처럼 치아에 붙어 있는 것이다. 양치를 하지 않으면 치아의 법랑질(에나멜, Enamel)에 붙어 부식에 일조한다. 이때 수시로 유인균발효식초를 물에 순하게 희석해 가글하면 도움이 된다.

물속 미네랄도 중요한 역할을 한다. 미네랄은 인체 건강에 반드시 필요한 물질이지만 물의 사용법에 따라 부정적인 영향을 미치기도 한다. 물을 끓였을 때 주전자나 냄비, 커피포트 바닥에 흰색 침전물이 생기는 현상인데, 이는 물속의 칼슘, 마그네슘, 철 등이 불용성 침전물로 형성된 것이다. 간혹 물에 따라 설거지를 하면 그릇에 하얀 침전물이 말라붙기도 한다.

대부분의 물질은 물의 온도가 높으면 더 잘 녹지만, 일부 물질은 온도가 증가함에 따라 용해도가 낮아져 침전물을 형성한다. 물속에 존재하는 탄산칼슘과 황산칼슘이 대표적인 물질이며, 탄산음료를 가열하면 수증기가 빠져 나가고 하얀 석회가 아래에 가라앉는 것을 볼 수 있다. 이와 흡사한 것이 식물이 가지고 있는 미네랄이고 인체에서 돌고 있는 미네랄이다.

이런 미네랄을 물에 삶고, 끓이고, 볶으면 응고되어 식물 내에 침전되고 물속의 미네랄과 함께 우리 몸속으로 들어간다. 아주 미량의 칼슘이나 미네랄 등의 응고된 석회가 혈관 벽에 침체되어 덩어리를 만들거나, 세포가 사용하고 배출되는 찌꺼기가 신속하게 몸 밖으로 배출되지 않고 여기저기 떠돌다가 인체 조직의 주로 혈(血)자리라고 하는 움푹 파인 장소에 정체된다. 특히 모세혈관 벽에 침체되어 혈류의 흐름을 막고 있다면 그 주위의 세포들은 영양소와 산소 부족으로 조직을 융합하지 못할 것이다.

산성비가 석탑을 부식시켜 뾰족한 모서리가 뭉개지듯이, 필요 이상의 석회질은 우리가 섭취한 산성 물질에 의해 중화되거나 배출되고 있다. 산이 염기를 중화하듯이.

초란을 만들기 위해 유인균발효식초를 강하게 만들어서 달걀을 넣었더니 기포가 생기면서 순식간에 녹아들어 갔다. 달걀껍질의 석회질을 식초가 녹인 것이다. 나중에는 껍질이 흔적도 없이 사라지고 투명한 막만 남아

달걀흰자와 노른자를 감싸고 있었다. 감탄하면서 산과 염기의 화학반응을 여실히 볼 수 있었다. 그렇게 신맛이 강하던 식초가 밋밋하고 떨떠름한 맛으로 중화되어 버렸다.

간혹 이런 것을 보고 식초가 뼈를 녹인다고들 하는데, 뼈는 뼈세포에 의해 유지되고 또한 필요에 의해 생성되고 있으며, 인체의 석회질은 뼈세포처럼 생명이 있는 것이 아니라 노폐물이나 쓰레기로 들러붙어 있는 이물질이다. 뼈까지 녹일 정도의 위험을 가진 산도의 식초라면 뼈까지 가기 전에 치아를 녹이고 입과 식도, 위장이 먼저 타들어 가서 큰 탈이 날 것이다. 굳이 그렇게 강력한 식초를 마실 이유는 전혀 없다. 적당히 물과 희석하여 마시는 천연발효식초는 쓸데없이 인체에 머무는 석회(굳은 미네랄) 찌꺼기를 배출하는 데 도움을 준다.

주방이나 화장실 배수구에 물을 흘려보낼 때 중간의 어느 부분에 찌꺼기가 조금이라도 끼어있으면 그 옆에 또 다른 찌꺼기가 들러붙어 그 크기가 조금씩 커지면서 결국에는 막혀버린다. 이럴 때 강한 염산을 부어 막힌 구멍을 뚫는다. 주전자나 커피포트 바닥에 눌어 붙은 석회질이나 입구가 좁은 유리병 속에 붙어 있는 석회질을 제거할 때도 식초를 넣어두거나 흔들어 세척한다. 또 베란다나 화장실 바닥 타일에 묵은 때가 끼어 있으면 식초를 탄 물을 뿌려 세척하면 깨끗해진다.

체내나 혈관에서 응어리지고 굳어진 석회질을 어떻게 긁어낼 수 있을까? 현실적으로 인체의 석회화나 석회질을 제거하는 것은 어렵다. 그렇다고 가만있을 수도 없다. 우리는 음식에서 그 대안을 찾을 수 있다. 예를 들면 시금치의 수산칼슘 때문에 결석이나 석회질이 생길까 두려워 시금치를 먹는 것을 꺼린다. 우리 민족은 나물을 많이 먹고 살아왔다. 각종 산나물이나 식물, 채소에도 상당한 미네랄이 함유되어 있는데, 데치고 볶는 과정에서 열을 가하게 되고 미량의 미네랄이지만 응고된다. 우리 몸의 구성요소들인 미네랄이 제 역할을 하려면 굳거나 응고되지 않은 상태가 좋다. 미네랄 석회질이 침전하고 응고되는 것은 이미 언급했듯이 물과 함께 열을 가했을 때 많이 발생한다.

삶지 않은 시금치즙의 수산은 석회질을 제거하는 역할을 한다. 사과나 오렌지, 밀감, 레몬, 포도, 키위, 파인애플 등의 신맛이 나는 과일즙에는 구연산, 사과산, 레몬산, 포도산 등이 들어 있어 훌륭한 석회질 제거 음료가 된다. 단, 주의할 것은 삶거나 끓이면 과일 속의 미네랄이 응고되기 때문에 생과즙으로 섭취해야 한다. 삶은 포도즙을 병에 담아서 한동안 두면 아래에 깔려 있는 덩어리 같은 것을 보았을 것이다.

식초의 산성도 각종 유기산인 구연산, 주석산, 호박산, 사과산, 젖산, 초산과 각종 아미노산을 함유하고 있어 응고한 미네랄을 제거하는 데 중요한 역할을 한다. 전통발효식초나 유인균발효식초는 pH 3~4로 과일즙과 산도가 비슷하다.

VINEGAR RECIPE

13

식용 빙초산(氷醋酸)

단무지를 찬으로 내는 식당에서는 대부분 단무지에 매우 강력한 식초를 사용한다. 회를 먹을 때는 새콤한 초고추장을 먹게 되는데, 이때 강력한 식초를 넣지 않으면 신맛이 안 난다고 한다. 우리 입맛은 이미 그 강한 식초 맛에 길들여졌다. 강력한 초산에 감미료를 넣은 식초 맛 외에는 맛볼 수가 없는 것이다. 이런 것이 몸을 혹사시키고 있다.

대부분의 음식점에서 거의 손이 가지 않는 조미료가 식초다. 대중음식점에서 사용하는 식초의 품질이 의심스러운 경우가 많기 때문이다. 비싼 천연발효식초를 사용하는 식당은 거의 없다고 본다. 주정에 아세트산이나 감미료 등을 넣고 속성 발효한 저렴한 식초거나 식용 빙초산이 섞여 있을 수도 있다. 빙초산은 수분이 적고 순도가 높은 아세트산으로 식초를 증류하여 초산 성분만 99% 이상 추출한 것이다. 어는 온도인 빙점이 14.5℃이기 때문에 낮은 실온에 두면 결정화가 일어나 고체의 형태로 보이며 자극성의 특이한 냄새가 나는 물질이다.

제대로 된 빙초산은 곡물이나 과일을 식초로 만든 후에 증류하여 제조할 수 있다. 그렇게 만들면 가격이 비싸고 과정도 복잡하기 때문에 대부분 이런 발효과정을 통해 만들지 않고 석유에서 중금속을 제거, 정제하여 식용 빙초산을 얻기도 한다. 이렇게 정제한 빙초산은 가격도 저렴하고 물을 타서 4~5도로 희석하면 많은 양을 만들 수 있기 때문에 경제적 부담을 줄일 수 있다. 하지만 빙초산은 아주 위험한 물질이다. 물론 강한 신맛을 좋아하는 사람들은 물을 적당히 희석하여 농도를 낮추어 즐길 수 있지만 잘못하면 화상으로 호흡기나 피부를 다치게 된다.

단무지를 먹고 싶은 때가 있지만 공장에서 만든 단무지의 위생상태도 의심스럽고 단무지에 뿌려 먹는 식초 역시 식용 빙초산이란 생각에 아예 손을 대지 않는다. 물론 대부분의 음식점에서는 물을 많이 타서 그럴 위험은 없겠지만 어째 마음이 불편하고 찜찜하다.

자주 가는 단골 식당 중에 해산물을 취급하는 음식점이 있는데 이곳에서도 식초를 아주 많이 사용한다. 좀 친한 관계로 유인균발효식초를 권해 보았다. 얼마 지난 후 들렀더니 직접 만든 유인균발효식초로 초무침을 하고 장아찌까지 만들어 식탁에 내놓았는데, 모든 손님들이 유인균으로 발효하여 만든 것만 먹더란다. 아무 말도 하지 않았는데 어찌들 알고 그것만 찾는지 신기하다고 했다. 식초는 해산물의 비린내를 없애주고 육류의 질감을 연하게 하는 데 매우 좋다.

VINEGAR RECIPE

14

천연발효식초균과 속성발효식초균

천연발효식초는 일반적으로 초산 3%, 구연산 3%, 아미노산, 호박산, 주석산, 사과산 등 60여 종 이상의 유기산을 포함하고 있다. 사용하는 식재료에 따라 이 함량은 조금씩 차이를 보이나 바이셀라 코리엔시스(Weillella koreensis) 유산균을 이용해 만들면 식초의 유효성 성분의 다양성은 우수해지는 것으로 나타났다.

바이셀라 코리엔시스 유산균은 초산, 구연산을 비롯해 다양한 유기산을 생성하기 때문에 훌륭한 식초균(초산균)으로 평가된다. 또한 바이셀라 코리엔시스균을 접종해 만들 천연발효식초 속에는 아미노산이 들어 있으며, 그 가운데 가장 주목할 성분은 바이셀라 코리엔시스가 합성하는 오르니틴 성분이다.

이 성분은 암 예방은 물론 비만을 방지하고 콜레스테롤을 저하시켜 지방간을 막는 작용을 하는 데 도움이 된다. 항비만, 항암, 당뇨 예방 유산균 '바이셀라 코리엔시스'균은 김치의 새콤한 감칠맛을 결정하는 균으로 김치를 발효하는 과정에서 초산과 구연산 등 유기산을 합성한다.

바이셀라 코리엔시스는 아르기닌(Arginine)으로부터 비단백질(Nonpotein)성 아미노산인 오르니틴(L-Ornethine)을 생싱하는 과정을 통해 지방세포 생성을 막아 항비만효과가 탁월하다. 따라서 바이셀라 코리엔시스 유산균으로 발효한 천연발효식초는 체내의 잉여 영양소를 분해하며, 담즙이나 부신피질 호르몬의 생성을 돕고, 피로를 유발하는 물질인 유산(젖산)의 생성을 막을 뿐 아니라 이미 생성된 유산을 분해한다.

천연발효식초는 비만예방, 간기능 강화, 성장 촉진, 당 대사 촉진, 면역력 증강, 피로회복 및 활력을 돕는다. 지혈(止血), 익혈(益血)작용을 하고 혈액 순환을 촉진하고 피를 맑게 하며 각종 출혈성 질환을 다스리고 혈액 생성을 도우며, 빈혈을 개선한다. 특히 산소와 헤모글로빈의 친화력을 높여 뇌에 충분한 산소를 공급하여 머리를 맑게 해주고 기억력을 증진시킨다. 파로틴(일명 회춘 호르몬)의 분비를 촉진하여 세포의 노화를 막고 뼈를 강하게 하고 체내의 칼슘 흡착력을 높여 골(骨)의 질량을 늘린다. 또한 간(肝)의 '크랩스 사이클(영양소가 우리 몸에서 분해되는 과정)'을 촉진하기 때문에 독소를 해독시키는 데 도움이 된다.

천연발효식초는 피로를 유발하는 젖산을 분해하여 피로 회복에 도움이 되고 성인병 예방에도 도움을 준다. 비타민과 무기질의 파괴를 막고 체내 흡수를 도와 곡류, 해조류, 콩류 등과 함께 섭취하면 상승효과가 있으며 우유에 타서 먹어도 좋다. 천연식재료를 활용하여 만든 천연발효식초는 필수 아미노산 8종을 비롯해서 18종의 아미노산 및 비타민 C와 칼륨이 풍부하다.

현재 대량 생산되는 식초 제조에 사용되는 초산균은 알코올을 산화하여 초산을 만드는 아세토박터(Acetovacter)과 포도당을 산화하여 글루코산이나 케토산을 만드는 글루코노박터(Gluconovacter)로 나누어진다. 주로 식초의 제조에 관여하는 Acetovacter는 슈도모나스(Pseudomonas)과에 속하는 호기성 세균으로 타원 또는 단간상으로 세포는 단일 또는 짧은 연쇄상을 하고 있는 등 종류에 따라 다르다. 장기배양, 고온배양, 과잉식염, 알코올 첨가배양 등에 따라 실 모양, 그래프 모양, 약간 부푼 것 등 특이한 모양을 보이는 경우도 있다. 포자는 형성하지 않지만 대부분 액의 표면에 번식하여 균막을 만든다.

Acetovacter균과 Gluconovacter균을 주로 사용하여 단시간에 대량 생산되는 식초는 사실 전통적 식초로 보기 어렵다. 바실러스, 효모, 유산균 등 다양한 복합균에 의하여 만들어지는 식초가 진정한 천연발효식초라고 할 수 있다. 유산균은 탄수화물에 포함된 포도당과 같은 당류를 분해하여 유효성 유산(젖산)이나 초산과 구연산 같은 유기산을 생성하는 균을 말한다. 초산균 Acetovacter균과 Gluconovacter균을 사용해 만든 식초보다 유산균을 이용해 만든 유산균 식초가 더 좋다. 오래전부터 인류는 자연에서 여러 복합성 유인균들이 어우러져 만들어진 천연발효식초를 먹어 왔기 때문이다.

우리가 먹는 식초의 99%가 Acetovacter균과 Gluconovacter균을 접종해 속성 발효한 식초라는 사실이 안타깝다.

VINEGAR RECIPE

15

혈관이 강이라면 모세혈관은 샛강이다

지리적으로 보면 강을 따라 물을 끼고 논밭이 있는 마을이 발전한다. 그런 마을은 주위 모든 생물이 기름지고 풍요로우며 넉넉해 살기 좋고 인심도 좋다. 물이 없는 척박한 산이나 땅으로 가면 생물도 말라비틀어지고 힘겹게 물을 끌어다 농사를 지어야 하니 넉넉지 못하고 사람도 많이 모이지 않게 된다. 물이 없는 곳에서는 생명 유지가 어렵고 물이 풍족한 곳에는 수많은 생명이 모여들게 된다. 이처럼 물을 끼고 환경이 발달하고 물과 함께 생활의 터전을 가꾸는 것은 물이 생명을 유지하는 데 기본이 되기 때문이다.

땅 위의 물줄기가 생명을 살리듯 우리 인체를 살리는 물줄기는 혈관이다. 혈액이 영양소와 산소를 싣고 혈관을 따라가면서 모든 세포들에게 영양소와 산소를 공급하고 있다. 세포들은 조직을 이루고 기관을 만들어 오장육부가 되고 팔다리가 되고 두뇌가 되며, 이목구비 등을 구성하여 각각의 위치에서 열심히 살고 있다. 어느 한 조직의 세포라도 게으름을 피우고 제 할 일을 하지 않으면 그 세포가 속한 기관은 무너진다. 하지만 그 모든 세포를 관리하는 숙주인 사람이 게으름을 피우면 피웠지 세포들은 절대로 게으름을 피우지 않고, 태어나서 죽을 때까지 열심히 산다. 그런데 왜 발이 괴사하고 손발의 마디가 불거지고 당뇨가 생기고 통풍이 생기는가? 두통, 고혈압, 심장병, 암, 탈모, 손발 떨림, 신부전증, 아토피 등 너무나 많아 다 헤아리기도 어려운 질병들로 고생하는 사람들이 왜 이렇게 많을까?

너무 어렵게 생각하지 말자. 만약 며칠 동안 아무것도 먹지 못하고 심지어 물도 못 마신다면, 몇 분이라도 숨을 제대로 쉬지 못한다면 어떻게 될까? 먹지 못하고, 마시지 못하고, 산소가 없다면 생존이 불가능해진다. 인체에 산소와 영양소를 공급하는 혈관이 막힌다는 것은 바로 이런 상황을 의미한다. 세포가 우리 인체에서 사는 메커니즘은 우리가 자연에서 살고 있는 것과 같다. 자연이 모든 생명들에게 베풀지 않으면 사멸할 수밖에 없듯이 우리가 아무것도 먹지 않으면 세포는 죽는다. 무엇이 다른가?

혈액은 심장에서 박동하여 머리와 저 멀리 손가락 발가락까지 대동맥에서 중동맥, 세동맥, 모세혈관 순으로 가서 주위의 세포에게 영양소와 산소를 제공하고 세포가 내다 버리는 찌꺼기와 이산화탄소를 싣고 다시 세정맥에서 중정맥, 대정맥의 경로를 거쳐 심장으로 돌아온다. 혈액이 이렇게 긴 여행을 하는 동안 수많은 경로와 지역을 거치게 되는데, 심장에서 시작하여 온 몸을 돌고 다시 심장으로 돌아오는 것은 정말 경이로운 일이다. 혈액이 출발한 심장으로 잘 돌아온다면 우리는 질병에 걸릴 일이 없다.

산야를 돌아보면 깨끗한 청정지역과 더러운 오염지역과 현저한 차이를 볼 수 있다. 강이 오염되어 물고기가 죽고, 주위의 식물이 말라죽고, 더러운 오물이 흐르는 강을 보면서 어떤 생각을 하는가? 그것을 그대로 인체에 적용해서 생각해보자. 오염된 강물과 주위환경을 정화하는 것도 중요하지만, 오염의 근본 원인을 제거해 주는 것이 우선되어야 한다. 그러면 강물과 주위환경이 깨끗해지는 것은 자연스레 따라오게 된다.

VINEGAR RECIPE

16

건강의 열쇠는 혈액순환

산소와 영양소를 공급하는 물줄기인 모세혈관이 막혀 있으면 그 곳에 모여 사는 세포들은 굶고 숨을 못 쉬어 죽을 수밖에 없다. 각 기관들이 차라리 이사를 갈 수 있다면 좋을지 모르겠다. 간장마을에 살다가 모세혈관 줄기가 막혀 살 수 없으니 위장마을이나 소장마을로 이사를 갈 수 있다면 그 자리에서 굶어 죽지는 않을 것이다. 그런데 불행하게도 한 번 자리 잡으면 죽을 때까지 그 마을에서 살아야 하니 세포의 생은 자유롭지 못하다. 사실 이사를 간다고 해도 문제다. 우리의 모습이 마구 달라질 것이니까. 눈 세포가 눈에서 못 살겠다고 입이나 귀로 가버리면 그 모양이 어떻게 될까….

모세혈관은 세포의 생명줄기다. 그 모세혈관이 막혀 영양소와 산소 공급 단절로 세포가 죽어버리고 면역체계도 무너져 죽은 세포를 빨리빨리 덜어내지 못하는데, 숨어 있던 세균의 공격까지 물리쳐야 하니 통증이 생기고 염증도 발생하여 결국 그 자리가 무너지거나 이상 현상이 생긴다. 이

것이 질병이다. 질병의 메커니즘은 의외로 단순하다. 순환기 장애로 생기는 질병이 대부분이라고 할 수 있다.

인체의 혈관과 모세혈관의 총 길이는 약 12만 km로 지구를 3바퀴 도는 정도의 길이다. 지름 8~20㎛의 모세혈관은 인체의 혈관 중 97%를 차지하고 온 몸에 그물처럼 퍼져있다. 이 좁은 모세혈관으로 약 7~8㎛ 정도 되는 적혈구가 세포를 늘여서 겨우 비집고 들어간다. 1㎛가 0.001mm이므로 아주 가는 모세혈관은 0.008mm 정도로, 육안으로는 도무지 가늠할 수 없다. 볼펜으로 점 하나 찍은 정도인 1mm를 천 개로 쪼갠다고 생각하면 아찔한 생각이 들 것이다. 그럼에도 이 가는 혈관을 지나 온몸 구석구석 세포가 있는 곳이면 어디라도 가야 건강을 유지할 수 있다. 이 좁디좁은 모세혈관 벽에 이물질이 붙기라도 하면, 또 수축되어 적혈구가 지나가지 못하면 그 주위에 사는 세포는 영양소와 산소를 공급받지 못하고 혈액을 따라 도는 면역세포의 영향력에서 벗어나 질병으로 깊어지는 계기가 된다.

질병은 외부에서 난 상처로 인한 것, 사고가 나서 다치거나 세균으로 인해 감염이 되는 경우를 제외하고는 거의 순환기성이다. 염증이 파고들어가서 관절염이 되거나, 바깥의 어떤 인자가 췌장의 랑게르한스섬으로 파고 들어가 베타세포를 파괴해 인슐린을 생산하지 못하도록 하는 것이 아니다.

당뇨병은 에너지로 사용해야 할 당분이 소변으로 나오는 증상이다. 당뇨병 환자가 당이 소변으로 많이 빠져 나와 세포를 굶기는 것은 엄청난 위험이고 문제이지만, 흘러넘치는 당이 소변으로 나오지 않고 인체가 당으로 차고 넘치는 것도 위험하다. 인체 스스로 판단하고 결정하는 것이며, 당을 내보내야 살 수 있기 때문에 내보내는 것이다. 당 조절에 문제가 생기는 것은 인슐린을 생산하는 베타세포가 줄어들기 때문인데, 모세혈관이 막혀서 영양소와 산소 부족으로 사멸하는 경우가 대부분이다.

심장병의 일종인 관상동맥경화증도 역시 마찬가지다. 모세혈관보다 굵은 심장의 관상동맥에 석회질이나 콜레스테롤과 같은 지방 성분이나 노폐물과 인체 쓰레기가 혈관벽에 붙어 좁아진 혈관에 걸쭉한 피떡인 혈전이 생겨 막혀버리면, 영양소와 산소를 공급받지 못하는 일부 심장세포가 박동하는 일에 제어를 받고 사멸하여 제 할 일을 하지 못하니 심장이 딱딱하게 굳어 버리는 것이다.

질병의 대부분은 모세혈관의 막힘으로 시작된다. 모세혈관을 뚫어서 혈액이 영양소와 산소를 싣고 가도록 도와주어야 한다. 이 세상에 모세혈관을 뚫어주고 청소할 그런 도구가 현재까지는 없다. 인체가 스스로 뚫을 수 있도록 도와주어야 한다. 음식으로 그 일을 할 수 있다. 천연발효식초는 혈관을 정화하고 청소하는 데 매우 유익한 역할을 한다.

★ 모세혈관은 필요에 따라 열리거나 닫히는데 식사를 한 후에는 소화기 계통에 영양소를 제공하는 모세혈관만 열리고 근육에 영양소를 제공하는 모세혈관은 닫힌다. 식사 직후에 운동을 하면 피곤한 이유가 여기에 있다.

VINEGAR RECIPE

17

간의 파수꾼 쿠퍼세포 이야기

그리스 로마신화 중에 미래를 보는 능력을 가진 프로메테우스는 제우스와 대적하여 인간에게 불을 전하고 그 때문에 제우스에게 잡혀서, 코카서스 산 바위에 쇠사슬로 묶여 독수리에게 간을 쪼아 먹히게 되었다. 매일 아침이면 제우스의 독수리에게 간을 쪼아 먹혀 저녁에는 죽음에 이르고, 밤새 간이 회복되면 다음날 아침 다시 재생된 간을 독수리가 와서 쪼아 먹는다. 결국 영웅 헤라클레스가 독수리를 죽이고 프로메테우스를 구한다.

이 신화는 황당한 이야기 같지만, 간의 재생과 회복력에 대해서 많은 사실을 말해주고 있다. 우리는 매일 스트레스를 받고 담배를 피우고 술을 마시며 유해성분이 함유된 음식물을 섭취한다. 병의 치유를 위해 먹는 약물 중에는 독성 있는 것들이 많다. 또한 체내에서 만들어지는 호르몬도 과잉되면 인체의 평형을 무너뜨린다.

그런데 간은 유독한 것을 무해한 것으로, 과잉 물질은 그 형질을 변화시켜 생물학적 작용을 제거하여 인체를 위험으로부터 지켜내고 있다. 이렇게 간은 해독작용을 가지고 있어 음식물에 있는 유해물질, 장내 부패균에 의해 발생하는 페놀(phenol), 인돌(indole), 스카톨(skatole) 등의 독소를 해독하고 다양한 화학반응을 통해 이러한 독성물질을 독성이 적은 물질로 변화시키거나 배설하기 쉬운 수용성 물질로 만들어 배출한다.

간에 혈액을 공급해주는 혈관은 2개인데, 산소가 풍부한 혈액을 심장에서 간으로 전달해 주는 간동맥과 각종 영양분과 대사물질, 해독이 필요한 독소 등을 간으로 운반해 주는 간문맥으로 이루어져 있다. 간문맥 혈관은 위장, 비장, 췌장, 소장, 대장 등으로 연결되어 각 장으로부터 혈액이 들어오는데, 이 혈액이 간정맥에 도달하기 전에 없어져야 될 장내의 유해균들을 포함하고 있다.

간을 구성하는 세포에는 간의 실질을 구성하는 간세포, 담즙 배설을 담당하는 담관을 구성하는 담관세포, 그 밖에 간의 모세혈관에 살면서 유해균과 이물질을 잡아먹는 쿠퍼세포(Kupffer's cell) 등이 있다.

쿠퍼세포는 세균과 바이러스에 대한 항체인 면역글로불린을 만들며 인체에 들어오는 이물질을 포착한다. 쿠퍼세포의 표면에는 길고 짧은 돌출물이 무수히 나와 있는데 이것은 침입한 물질들을 감싸서 분해하고 유해물질을 싸잡아 먹는다. 쿠퍼세포는 식균력이 매우 강하여 혈중에서 세균들을 없애버리는데, 체외에서 들어온 세균과 이물질을 아메바처럼 움직여 잡아먹은 뒤 체외로 배설시킨다. 따라서 쿠퍼세포가 제 역할을 하지 못하면 인체는 세균과 독소에 사로잡혀 질병을 앓게 된다.

간의 해독기능이 저하되면 간에서 임파선으로 비정상적인 임파액이 유입될 수 있고, 이는 면역 시스템을 혼란시키는 요인이 된다. 쿠퍼 세포는 평상시에는 유동의 한 모퉁이에 딱 붙어 있다가 영양분과 함께 들어온 이물질, 세균, 노화된 세포, 죽은 세포, 오래된 적혈구, 암세포 등을 제거하고, 그 밖에 유해한 물질이 들어오면 달려들어 그들과 싸운다. 다시 말하면 쿠퍼세포는 간장의 파수꾼인 것이다. 하지만 알고 보면 얘들도 우리 인체를 지키기 위해 열심히 싸우는 것이라기보다는 자신들의 생존을 위해 맹렬히 노력하는 것이다.

평소 복부를 따뜻하게 해주면 지친 간의 해독작용을 원활히 하는 데 도움이 된다. 발을 따뜻한 물에 담그면 체온이 올라 혈액순환을 돕고 몸속의 노폐물이 땀으로 배출되며, 혈액정화를 도와 간의 무리한 활동을 줄여 해독작용을 돕는다.

식물 중에 양파는 독소 배출은 물론 피를 맑게 해주고 혈액 내 혈전 생성을 막아서 혈액순환을 개선하는 효능이 있다. 특히 감초는 해독력이 뛰어나 몸의 부담을 덜어주고 약물중독을 치유하며, 세균으로 인한 독에도 중화 및 해독작용을 한다. 몸의 피로를 해소해 주는 동시에 간 기능 개선과 피부탄력 증가에 도움을 준다. 감초로 만든 식초나 양파로 만든 식초는 해독작용과 정혈작용에 도움이 된다.

족욕을 할 때 감초식초를 물에 조금 넣고, 양파식초를 물에 희석하여 마시면 더욱 효과가 있다. 파프리카, 가시오가피, 미나리, 녹두, 셀러리, 더덕, 토마토, 시금치, 오디, 자두, 키위 등이 간 기능을 돕는 역할을 한다.

VINEGAR RECIPE

18

대변 보셨습니까? 소변 보셨습니까?

옛날부터 '3가지의 요건'이 잘 갖추어지면 건강하다고 했다. '잘 먹고, 잘 싸고, 잘 자기'의 아주 간단한 요건이다. 잘 먹었으면 먹은 만큼 몸에 이롭게 작용하고, 남은 것은 잘 내어보내고, 그런 대사활동을 한 후에는 잠을 편안하게 자는 것이다. 셋 중에 어느 것이 더 중요하다고 할 수 없다. 어느 한 가지도 소홀하거나 제대로 되지 않으면 건강에 문제가 생기기 때문이다.

첫째로 잘 먹는다는 것, 잘 먹으면 좋다는 개념에 대해 생각해 볼 필요가 있다. 아무거나 계절에 관계없이 또는 체질과 관계없이 닥치는 대로 잘 먹는다는 것이 아니다. 먹을거리가 넉넉하지 못했던 시절에는 가릴 형편이 못 되어 그나마 있는 것에 감사하고 먹어야 했을 것이다. 하지만 그 시절 음식들은 어쩌면 지금보다 훨씬 건강한 음식들이었다.

제철 음식이 좋다고 하는데, 예전에는 제철이 아니면 돈이 많아도 먹을 수 없었고, 때를 만나야 먹을 수 있었다. 겨울에 수박과 딸기, 오이를 먹으며, 여름에 시금치, 감귤, 사과를 먹는다는 것이 매우 풍요롭고 행복한 일인 것 같지만, 실상 그 계절에 필요하지 않은 것을 먹는다는 관점에서 보면 인체의 불균형을 초래할 수 있다.

겨울에는 천지(天地)에 한기(寒氣)가 머물고 있으니 따뜻한 기운을 가진 것을 먹어야 장부의 균형을 맞출 수 있고, 여름에는 천지에 열기(熱氣)가 머물고 있으니 시원한 기운을 가진 식재료로 水氣가 필요한 신장의 기능을 보하도록 해야 한다. 이처럼 계절에 맞추어 나오는 자연의 식재료들이 아니라 가공식과 정제식으로 한 끼 때우는 불량한 식생활에서 벗어나기 어렵다. 자신에게 알맞게 제대로 갖추어 먹는 것은 습관이다. 오늘 먹은 음식이 내일의 나의 몸이다. 늘 아무렇게나 먹다가 갑자기 잘 갖춰 먹기는 힘들지만, 적어도 자신의 몸이 뭘 필요로 하는지 알고 조금이라도 맞추어 먹어야 한다.

둘째로 잘 싼다는 것, 먹은 만큼은 나와야 정체되지 않는다. 적게 먹었는데 많이 나오거나 많이 먹었는데 적게 나오는 것은 문제가 발생한 것이다. 살이 찌고 빠지고의 문제가 아니라 인체 오장육부의 기능이 정상적이지 못한 것이다. 숨을 쉬어도 공기를 들이쉰 만큼 빠져나오고, 들이쉰 만큼 내쉬어야 한다. 잘 싼다는 것은 비단 대소변으로 내보내는 배설물만을 말하는 것은 아니다. 체온을 조절하는 땀도 땀구멍을 통해서 나온 배설물이고, 체내에서 쓰고 남은 노폐물이 잘 빠져나와야 하기 때문에 운동이나 목욕은 필수라고 할 수 있으며 눈물, 콧물, 침, 손발톱, 각질 등도 같은 이치다.

대변 배설의 경우는 하루에 한 번은 필수다. 우리는 미생물과 공존하며 살고 있으며, 건강한 사람의 장내 미생물은 중간자적인 역할을 하는 균들을 포함하여 거의 인체에 유익한 균종이다. 장내 미생물도 그냥 먹고 노는 것이 아니다. 외부의 유해균이 침입하면 즉시 저항하여 유해균을 몰아내고 우리 몸을 보호하는 기전을 가지고 있으며, 또 인체에 필요한 각종 활성물질을 만들어 제공하면서 살아가고 있다.

우리 몸에 유익한 장내 미생물을 굶어 죽게 만드는 것은 섬유질이 부족한 식생활 탓도 있다. 섬유질은 장내 미생물이 섬유질을 분해하는 효소를 생산하여 인체에 도움이 되고 세균의 먹이도 되며 미생물의 집을 만들어 생활의 근거지 역할을 한다.

집안의 배수구나 하수구가 막혀서 고생해본 일이 있는가? 막혀서 내려가지 못하면 그 찌꺼기가 하수구 내에 머물며 썩은 냄새를 풍기고 부패한 찌꺼기는 하수구 자체를 허물어 버린다. 인체도 마찬가지로 내보지 않으면 장내에서 썩기 마련이고 부패한 것을 좋아하는 유해균이 몰려드는 것은 당연한 이치다. 하지만 섬유질을 마구 먹는다고 장이 무턱대고 밀어내지는 않는다. 밀어낼 힘이 있어야 한다. 밀어내는 힘을 만들어 주는 것이 운동이다. 발효음식과 섬유질이 풍부한 음식과 운동은 장내 미생물과 협조하는 것이며, 장건강의 기본이다.

강의 중에 "대변 보셨습니까?" 라고 질문하면 대부분 손을 번쩍 든다. 다시 묻는다. "변을 눈으로 보셨습니까?" 들었던 손이 내려간다. 지저분한 변을 어떻게 보느냐고 되묻는다. 자신의 대소변을 본다는 것은 건강상태를 체크하는 기본이다.

옛날에는 화장실 구조상 자신의 변을 볼 수가 없었다. 저 깊은 아래에 떨어지면 어느 것이 자기 것인지 모를 수도 있고, 소변은 전혀 구별을 할 수 없었던 그런 시절도 있었다. 하지만 지금은 분명하게 변을 보고 구별할 수 있다.

소변의 색깔이 너무 진하면 열이 있는 상태인데, 물을 자주 많이 마시면 색이 옅어지겠지만, 그렇지 않은 경우에 소변의 색이 너무 옅으면 냉기가 머물고 있는 상태다. 색깔이 탁한지, 연한지, 진한지, 냄새가 어떤지 등을 살펴보는 것은 기본이다.

대변은 장의 굵기와 비슷하게 나오는 것이 좋으며, 미끄러지듯 나와야 하고 대변의 중간 중간에 갈라지듯이 금이 가지 않은 것이 좋다. 수분을 함유하여 물에 가라앉고 색깔은 누런 황금색이 좋은 변이다. 아기는 노랗고 새콤한 변을 보는데 락토바실루스와 비피더스균이 많이 있으며 pH 4 정도 되고, 어른은 pH 5 정도 되는 황금색 대변이 건강함을 의미한다. pH 6이 되면 회색, pH 7이 되면 검은색 변이 되어, 건강상태의 적신호를 보여주는 것이라고 할 수 있다. 물론 냄새도 당연히 중요한 역할을 한다. 동물성 단백질을 먹었을 때나, 식물성 섬유질을 먹었을 때의 냄새의 차이는 확연하게 알 수 있다. 장내 유해균이 득실거릴 때는 냄새가 독하다. 유익균들은 냄새가 나지 않거나 난다 하더라도 구수한 향기를 품어낸다.

변을 관찰하는 것이 건강을 지키는 척도라는 것을 명심하자.

VINEGAR RECIPE

19

대변 팝니다

옛날에는 동변(童便-어린 아이의 변)을 인체를 치유하는 약으로 삼은 경우도 있었다. 추운 겨울 논밭에서 손이 터지도록 일하고 오신 할머니, 할아버지는 손자의 소변을 받아서 손을 담가 손등이 터진 것을 치유했었다. 요즈음에야 이런 일이 있을까만은 필자는 어린 시절에 할머니께 들은 적이 있다. 도망치는 손자를 잡고 오줌을 누도록 하여 손을 담갔다는 얘기를 들었는데, 한의에서 동변은 음(陰)을 길러주어 위로 상승하는 기운을 내려주고, 어혈(瘀血)을 풀고, 지혈(止血)하며, 눈을 맑게 하고 목소리를 좋게 하며 피부를 부드럽게 하고 대장(大腸)이 잘 통하도록 하며 살충(殺蟲), 해독(解毒) 효능이 있다고 한다.

소변도 그렇지만 심지어 아이의 대변도 약으로 사용했다고 한다 대소변이 약이 된다니 끔찍하게 생각했던 사람도 많았다. 아니 그걸 몰랐던 사람도 많을 것이다.

왜 인변을 약으로 삼았을까?

요즘에는 대변은행이 있다. 건강한 사람의 장내 미생물이 대량 함유된 대변을 장내가 건강하지 못하고 유해한 미생물이 많은 사람의 장에 이식하는 치유가 세계적으로 각광받고 있다.

언젠가 TV를 통해 보면서 눈을 뗄 수가 없었다. 건강한 사람들의 변을 제공 받는데, 기증자의 건강상태를 철저히 검증하여 장내 유익한 균을 보유한 사람들 것을 냉동고에 보관하였다가 비만이거나 장내 건강을 도모해야 할 사람들에게 이식하는 과정을 자세히 보여 주었다. 미국 매사추세츠주에 대변을 사고파는 '대변은행'이 이러한 방법을 통해 난치병 치료에 주력하고 있다고 화제가 되고 있었다.

최근 네덜란드 레이든대학의 과학자들이 사람의 대변을 수집 · 가공 · 저장하고 연구 · 배분해주는 네덜란드배설물기증은행(NDFB)의 문을 열었다. 일본의 주간 겐다이에 따르면 약 100g의 변을 생리 식염수에 녹여 여과한 후 대장 내시경을 통해 장이 좋지 못한 환자의 장에 이식하는 '대변 미생물 이식'이 이루어지고 있다고 한다.

건강한 사람의 유익한 균을 이식하여 장내 플로라를 개선시키는 것이며, 장내 이로운 미생물이 인간의 건강과 얼마나 깊이 연관되는지 알 수 있는 활동들이다.

언젠가 우리나라도 대변은행이 생길 수 있다.

강의를 다니면서 위의 '대변이식'과 '대변은행' 등의 이야기를 해주고 질문을 한다. 만약 여러분의 장이 좋지 않다면 대변을 이식받을 것인가? 모두들 놀라서 이구동성으로 아니라고 말하며 고개를 젓고 손사래까지 한다. 당연히 기분이 좋지 않을 것이다.

그런 일이 정말 싫다면, 장 건강을 바로잡는 대안은 평소 자신의 장 관리를 스스로 잘하는 것이다. 그러기 위해서 우선적으로 해야 하는 것은 음식관리라고 할 수 있다. 황세란유인균과 유인균발효식초는 중간자적인 균을 자기편으로 유도하고 정장작용을 하여 장내 건강한 유익균의 플로라를 형성하는 데 매우 큰 도움을 줄 것이다.

유인균으로 발효한 음식과 식초를 먹고 유인균으로 발효한 음료를 먹어서 유인균이 자리를 잡아 장내 플로라를 형성하여 장 건강을 도모하고 있으면 대변을 이식할 일은 전혀 없을 것이다. 유인균으로 발효한 음식을 통하여 평소 꾸준히 장을 건강하게 유지시킴으로써 분변 이식이 대중화될 시대에 내 몸의 가치를 높이는 노력이 필요하지 않을까 생각한다.

VINEGAR RECIPE

20

모세혈관(毛細血管)과 말초혈액공간

우리 인체는 무수한 실핏줄이 전신을 휘감고 끊임없이 순환하고 있는데, 심장 좌심실의 수축에 의해 대동맥으로 뿜어져 나간 혈액이 동맥, 중동맥, 소동맥을 거쳐 전신의 모세혈관(모세동맥)으로 들어가 신체 각 조직에 산소와 영양소를 공급하고 이산화탄소와 노폐물을 받아서 모세혈관(모세정맥)에서 소정맥, 중정맥, 대정맥을 거쳐 심장의 우심방으로 돌아온다.

우심방에서 우심실로 흘러간 혈액은 우심실의 수축에 의해 폐동맥을 따라 폐포(허파꽈리)의 모세혈관을 통과하면서 이산화탄소를 내보내고 호흡으로 들어온 산소를 받아들인 후 폐정맥을 따라 좌심방으로 돌아와 다시 대동맥을 통해 전신으로 운반된다. 이렇게 전신에 퍼져 있는 모세혈관 주위에는 인체의 각 조직의 세포들이 조밀하게 모여살고 있으며, 세포가 모여 조직을 만들고 조직이 모여 기관을 이루어 인체를 구성하고 있다.

이처럼 우리 인체세포에 영양소를 공급하는 혈액은 반드시 모세혈관을 통과해야만 한다. 모세혈관은 소동맥과 소정맥을 연결하는 그물 모양의 매우 가는 혈관으로 탄성 섬유나 근육이 없는 한 층의 내피세포로 이루어졌다. 굵기는 약 10㎛ 정도로, 적혈구가 겨우 지나갈 수 있는 크기이다. 모세혈관 다음에는 정맥으로 이행하는데, 혈류를 따라 측정한 모세혈관의 길이는 평균 0.5mm 정도로, 혈액은 보통 이곳을 0.5~1초에 통과한다. 그 사이에 조직과의 사이에 물질 교환이 일어난다. 모세혈관 주위에 퍼져있는 세포들은 말초혈액, 말초 림프관과 조직세포 사이에는 틈새가 구성되고 여러 가지 생리적 기능이 수행되고 있는 것을 발견할 수 있는데 그것이 말초혈액공간이다.

그 틈새에는 혈액세포, 적혈구, 백혈구, 림프구, 조직세포로부터 분비되는 갖가지 분비액, 호르몬용의 물질, 유기물질, 화학재제, 중금속물질, 배기가스, 바이러스 기타 온갖 체내 독소 등이 모여들어 갖가지 노폐물들이 나타난다.

인체로 들어오는 수많은 공해물질, 대기 중의 탄소계인 배기가스, 자동차에서 나오는 눈에 띄지 않는 미세한 부유인자의 흡입은 폐조직에 공해물질의 덩어리가 되어 말초혈액공간에 돌아다닌다. 그러한 협잡물(체내 노폐물, 찌꺼기, 쓰레기 등)을 몸 안에 방치하면 질병의 원인이 된다. 그 범위가 폐조직뿐만 아니라 오장육부와 피부, 모발, 관절 등 인체의 모든 부분에 해당되는 것은 당연하다.

건강하다는 것은 이렇게 끊임없이 들락거리는 수많은 물질과 노폐물이 원활하게 교체가 잘되는 것이다. 하지만 여러 여건으로 인해 면역력이 떨어져 건강상태가 나빠지면 협잡물의 분비 또는 배출, 배설이 제대로 되지 않고 느려지거나 정체되어 깊은 질병상태가 된다.

하지만 좋은 음식과 좋은 물을 계속 섭취하게 되면 쌓여 있던 노폐물이 빠져나오기 시작한다. 매일 먹는 음식물에 건강에 대한 답이 있다고 해도 과언이 아니다. 그 사람이 먹는 음식을 보름 정도 살펴보면 그 사람이 가진 문제의 원인을 찾게 된다. 음식을 먹으면 5~6시간이면 소화가 거의 되는데, 소화가 된다는 것은 그 음식의 성분을 인체가 흡수했다는 뜻이기도 하다. 흡수한 성분이 무엇이든 간에 우리의 세포와 장내 미생물과 인체 상주 미생물은 숙주가 주는 대로 먹을 수밖에 없다.

따라서 과연 "어떤 음식을 먹을 것인가"는 매우 중요한 것이다.

우리가 매일 섭취하는 물과 음식이 동시에 약이 되는 것이다. 황세란유인균 발효식초의 주성분은 초산과 젖산이다. 초산은 살균, 해독작용을 하며 탄소를 함유하고 있는 유기산이다. 이 밖에도 각종 아미노산, 사과산, 호박산, 주석산, 구연산, 레몬산 등 60종류 이상의 유기산이 포함되어 있는데 유기산이 풍부한 식품은 효소로서 우리 인체에 매우 유익한 작용을 한다.

발효식초를 마시고 1~2시간 정도 지나면 소변이 나온다. 황세란유인균 발효식초에 들어 있는 각종 유기산들은 노폐물을 제거하고 밖으로 배출하는 데 중요한 역할을 한다. 건강하고 착한 음식과 함께 수시로 마시는 물에 유인균발효식초를 희석하여 마시면 말초혈액공간에 머물고 있는 각종 협잡물을 배출하여 모세혈관과 말초혈액공간이 깨끗하게 유지되도록 도움을 줄 것이다.

VINEGAR RECIPE

21

수험생을 위한 브레인 푸드, 엿

요즈음은 엿이 귀한 식품이 되었다. 초콜릿이나 사탕에 의해 뒤로 밀려 잊혀 가는 지도 모르겠다. 옛날에 엿장수 아저씨가 골목으로 들어오면 동네아이들이 다 모여들었다. 집에서 이것저것 뒤져서 무엇이라도 가져가서 바꿔 먹을 것이 있으면 신이 났었다. 돈 주고 사먹는 것보다는 물물교환을 많이 했던 것으로 기억난다. 어떤 아이는 엄마 몰래 멀쩡하게 사용하는 솥이나 냄비 등을 가지고 와서 엿을 바꿔 먹고 나중에 엄마에게 몽둥이찜질을 당하기도 했었다. 긴 엿가락도 있었고 넓적한 엿판에 엿칼을 대고 뭉텅한 가위로 툭툭 쳐서 잘라주던 엿도 있었다. 나무작대기에 물엿을 돌돌 말아서 먹기도 했었다. 그 시절에는 엿이 참 맛이 있었다.

엿은 과거부터 합격을 기원하는 의미로 각종 시험을 앞두고 사랑을 받아왔었다. 끈적끈적한 엿처럼 떨어지지 말고 찰싹 달라붙어 합격하라는 의미도 있었고 머리회전과 컨디션에도 도움이 되어, 엿의 효능은 시험과 뗄 수 없는 관계였던 것이다. 엿의 종류로는 쌀엿, 옥수수엿, 호박엿, 고구마엿, 물엿 외에도 무로 만든 엿과 꿩고기로 만든 제주도의 꿩엿도 있다.

조선시대 왕들은 새벽에 이부자리에서 나오기 전에 물엿을 두 숟가락씩 먹고 공부를 시작했다는 일화가 전해져 내려오고, 조선시대에도 과거를 보러가는 선비들에게 찹쌀떡과 엿을 선물했던 풍습이 있었다고 한다. 봇짐에 넣고 다니면서 먹어가며 과거준비를 했고, 입에 엿을 물고 시험장으로 들어가기도 했다는 것이다. 요즘도 수능시험 때가 되면 엿을 선물하고 있지만, 초콜릿이나 사탕에 밀리고 있어 엿의 우수한 점에 대해 제대로 알 필요가 있다.

엿이 긴장한 수험생에게 주는 효능 중 하나는 복통을 가라앉히는 것이다. 시험의 스트레스나 압박감 때문에 배가 아픈 경우, 엿은 소화 장애와 배탈 증상 완화에 효과가 있다. 한의학에서 만성피로와 복통에 내리는 '소건중탕'이라는 처방에는 엿이 포함돼 있기도 하다. 지금 생각하면 배 속의 미생물에게 좋은 영양소를 제공하여 속이 편안하도록 만드는 데 일조할 수 있도록 한 것이다.

엿은 끈적임이 강하고 딱딱하여 먹기 힘들어 적합하지 않다고 생각할 수도 있지만 그 효능을 살펴보면 어떤 당류보다 우수하고 좋다는 것을 알게 된다. 찹쌀, 쌀, 보리, 밀 등의 싹을 틔운 엿기름으로 곡류의 전분을 당화시켜 걸쭉하게 응고되도록 고아서 만든 것이다.

인간의 뇌는 포도당을 대단히 선호한다. 밥을 오래 씹으면 단맛을 느끼는데 침 속의 아밀라아제에 의해 쌀의 녹말이 분해되어 단맛이 나는 것이다. 두 분자로 분해된 엿은 말타아제란 효소가 한 번만 더 잘라주면 단당류인 2개의 포도당 분자로 분리된다. 이당류에는 포도당, 자당(설탕), 젖당(유당)이 있지만 두뇌에 직접적인 영향을 미치는 당은 포도당이다. 단 한 번만의 작용으로 이당류인 엿당에서 포도당으로 완전히 단당류로 쪼개져 인체와 두뇌로의 공급이 빨라져서 두뇌 회전을 활성화하기 때문에 피로감을 풀고 심신의 안정에 도움을 준다. 사탕보다, 초콜릿보다 엿이 더 우수한 당류라는 사실이 바로 이런 점이라고 할 수 있다.

이웃나라의 음료용 식초는 부드러워 마시기가 아주 좋다. 거기에 꿀을 타서 달콤하게 마시기도 한다. 식초를 마시고 싶지만 너무 신맛이 강하면 거부감을 가질 수 있다. 신맛을 즐기는 사람이 아니라면 굳이 산도가 강한 식초를 마실 필요가 없다. 따라서 생수에 희석하여 부드럽게 마시기를 권한다. 약간의 당분을 넣으면 마시기도 좋고 기분도 좋아진다. 이때 설탕보다는 이당류인 조청(엿)을 타서 마시면 더 좋을 것이다.

VINEGAR RECIPE

22

유인균발효 식초로 두부 만들기

콩을 갈아서 비지를 거르고 두부를 만들 때 간수를 사용한다. 소금은 바닷물을 증발시켜서 만든 것으로 증발되지 않아 소금알갱이가 되지 못하여 흘러내리는 물이 간수다. 간수를 고염(固鹽) 또는 모액(母液)이라고 하기도 하며 굵은 소금(천일염)에 함유되어 있는 염화마그네슘과 칼륨, 칼슘 등의 성분이 공기 중의 수분을 흡수하여 끈적끈적해져서 녹아 나온 것이다.

천일염을 오래 두어 간수가 빠져나와 염화마그네슘이 제거되면 쓴맛이 없어지지만, 그 쓴맛의 진한 소금물이 간수가 되어 두부의 단백질과 결합하면 약간의 감칠맛이 난다. 간수를 과하게 넣으면 두부에 떫거나 쓴맛이 남는다.

콩의 단백질이 녹은 콩물에 약간의 간수를 넣으면 두부가 만들어지는 것은 간수가 두부의 단백질 사슬을 서로 엉키게 하는 응고제 역할을 하기 때문이다.

요즈음은 바닷물의 오염 때문에 두부에 넣는 간수를 별로 좋게 생각하지 않는다. 그래서 두부를 만들 때 pH(수소이온농도) 4~5 정도가 되는 식초를 넣기도 한다. 식초를 넣으면 간수처럼 콩의 단백질 사슬이 풀어지면서 서로 엉켜 응고되는데, 유인균발효 식초를 사용하여 두부를 만드는 것은 아주 좋은 방법이다. 두부를 만들고 나면 콩물이 남는데 간수가 들어가지 않은 콩물이라 떫거나 쓰지 않아서 마셔도 좋다. 그 콩물을 발효해서 두부콩물식초를 만들어 마시면 강하지 않고 부드러워 마시기 매우 좋다.

VINEGAR RECIPE

23

유인균으로 발효된 건더기

어린 시절 먹었던 술맛 나는 포도건더기가 생각난다. 어머니께서 붉은 포도주를 뜨고 나면 색깔이 빠진 포도껍질과 포도알이 술을 머금고 있어 하나, 둘 먹다보면 술에 취해 아롱아롱해지고 어느샌가 콕 고꾸라져 자다 일어나곤 했었다. 뭔지 모르고 따라 먹다가 포도주 찌꺼기에 취한 동생이 혀가 돌돌 말린 소리로 '누나야' 부르던 것이 너무 웃겨 깔깔거리던 생각도 난다. 어머니는 포도주 찌꺼기의 껍질과 알을 톡톡 터트려 꼭 짜서 포도주를 조금 더 부어 부뚜막에 두고 식초로 익히고, 식초가 만들어진 후의 포도찌꺼기는 통에 담아서 더 발효시켜 화단 구석에 있던 포도나무 아래 뿌리셨다.

모든 식물과 동물은 많든 적든 탄수화물을 함유하고 있다. 쌀, 보리, 밀, 옥수수, 콩, 감자, 고구마, 마, 우엉 등은 탄수화물로 이루어져 있다. 인삼, 더덕, 도라지, 냉이, 달래, 셀러리, 배추, 브로콜리, 양배추 등의 식물과 딸기, 매실, 복숭아, 사과, 배 등의 과일도 탄수화물이 있다. 우리가 식생활에서 곡물과 과일에서 얻을 수 있는 열량은 대부분 탄수화물이다. 이들은 포도당, 젖당, 과당, 자당 등 단순당으로 존재하는 경우도 있지만 대부분 여러 개의 단순당이 서로 긴밀하게 연결되어 복합당인 복합탄수화물의 형태로 존재한다.

어쩌다 굶은 상태로 머리를 쓰다보면 머리가 띵하고 당이 떨어졌다는 느낌이 들면서 하얀 쌀밥에 새콤한 김치 생각이 간절하다. 탄수화물의 가장 작은 단위인 포도당은 뇌가 활동하는 데 꼭 필요한 에너지이기 때문에 탄수화물은 중요한 역할을 한다. 그러나 단순당의 함량이 높은 식품을 많이 섭취하면 섭취열량이 높아 비만해질 수 있으므로 단순당으로 섭취하는 것보다는 복합탄수화물을 먹는 것이 더 좋으며 비만관리에 도움이 된다.

생명활동 자원으로 쓰이는 탄수화물이 부족하게 되면 인체는 생명활동에 필요한 포도당을 보충하기 위해 체내의 근육이나 간, 신장, 심장 등 여러 기관에 있는 단백질을 분해하여 포도당으로 합성하기 때문에 단백질을 보호 · 절약하기 위해서라도 적절한 양의 질 좋은 탄수화물은 꼭 필요하다.

황세란유인균 발효식초를 만들고 나면 건더기가 많이 남는다. 예전에는 발효를 끝내면 이 건더기를 거의 버렸었다. 이제는 그 건더기를 숙성시키는데 숙성된 건더기는 좋은 건강자원이 된다.

유인균으로 발효한 여러 종류의 식물발효나 발효음료, 발효주, 발효식초 등을 만들기 위해 발효액을 거두고 남은 건더기의 탄수화물은 유인균들이 분해를 많이 해 둔 상태다. 특히 갈거나 분쇄하면 더 많이 발효되고 분해되어 소화 · 흡수에 큰 도움이 된다. 미생물에 의해 더 미세하게 분쇄

된 복합탄수화물을 섭취하는 것은 소화 · 흡수에 에너지를 덜 소모하게 함으로써 소화불량이나 건강이 좋지 못한 사람들에게 도움이 된다.

채소 섬유질의 질긴 부분인 셀룰로오스는 장내 건강을 위해 꼭 섭취해야 하는 음식이다. 하지만 우리 인체는 섬유질을 분해할 수 있는 효소를 가지고 있지 않기 때문에 소화가 잘 되지 않는다. 장에서 섬유질이 소화되지 않으면 칼슘, 아연, 철분 등의 미량영양소의 흡수를 방해하고, 장내 가스 생성이 활발해지면서 복부팽만감, 위장관 장애 등이 생길 수 있다.

유인균은 섬유질의 셀룰로오스를 분해하는 효소를 합성하므로 유인균에 의해 발효된 식이섬유는 소화의 부담을 덜어주고 장내 일꾼인 유인균과 미생물에게 건강한 먹잇감이 되어 장내 환경을 정화하는 데 도움이 된다. 평소에 발효하고 남은 건더기에 발효한 콩과 견과류를 넣고 환으로 만들어 먹으면 더 좋다.

VINEGAR RECIPE

24

인체 면역계를 도와주자

효소가 좋다. 생즙이 좋다. 채식이 좋다. 사람들은 자신이 경험한 것이나 들은 것에 대한 예찬을 많이 한다. 맞는 말이며, 모두 좋다. 하지만 그 좋은 것을 우리는 잘 찾아 먹지 못하고 굳이 찾아 먹는다고 해도 그 시기의 유행처럼 맞이했다가 넘어가는 한 장(과정)이라고 생각한다. 그러면서 유행에 따라 계속 이것저것을 마구잡이로 먹게 되는 경우가 많다.

먹는 것은 유행을 좇아서는 안 되는데 먹는 것도 유행이 된 지 오래 되었다. 누군가가 무엇이 좋다고 하면 자신에게 맞든 안 맞든 불티가 난다. 그 시기가 넘어가면 그것에 대한 평가가 객관적으로 드러나기도 하지만 이것 역시 경험한 사람의 평가에 따라 주관적인 성향이 강하다. 모두 각각의 상황이 다르기 때문이다. 생활습관, 식이법, 체질, 환경, 성품, 유전적 기능 등등….

신념을 가지고 묵묵하게 오랜 세월 실천해오거나 지켜온 사람은 유행에 아랑곳하지 않고 예전에도 그랬듯이 앞으로도 꾸준히 자신의 원칙을 지키며 살아간다.

'무엇이 좋다'고 하면서 아무리 유행을 해도, 우리가 꼭 먹고 살아야 할 소중한 먹을거리들이 있다. 김치, 된장, 간장, 청국장, 고추장처럼….

현실의 먹을거리를 들여다보자. 굳이 필자가 말하지 않아도 우리들은 몸으로 부딪히며 살아가고 있다. 세계가 이웃처럼 가까워진 지금 수많은 나라의 갖가지 음식들이 우리 눈앞에 펼쳐지고 있다. 지금까지 흔히 보지 못했던 신기한 음식들 앞에서 흥미와 호기심을 가지고 먹어 본다.

입안에 새로운 맛이 펼쳐지면 신기한 것에 반응을 잘하고 좋아하는 우리의 촉각은 그것을 반긴다. 아니 반긴다기보다 호기심을 가지게 된다. 싫은 것도 있겠지만, 고소하고 달콤한 맛에는 현혹되어 빠져 버린다.

우리 입맛은 다섯 가지의 대표적인 맛에 아주 민감하게 반응한다. 신맛, 쓴맛, 단맛, 매운맛, 짠맛 여기에 몇 가지를 더 붙이자면 덤덤한(싱거운) 맛과 떫은맛, 비린 맛, 고소한 맛, 감칠맛이 포함이 된다.

혀는 신맛, 쓴맛, 단맛, 짠맛을 느낄 수 있으며 그 외의 맛은 네 가지 맛이 복합적으로 작용해서 느끼는 것이다. 떫은 것은 촉각이고 매운 것은 통각이며, 비린 것과 고소한 것은 후각이다. 이 중에서 사람의 체질이나 특징에 따라 더 좋아하는 것이 있겠지만 대부분 단맛과 짠맛을 좋아한다.

여기에 피해가 따르는 것이다. 우리 몸은 위의 모든 맛들을 골고루 섭취해야 함에도 불구하고 일정한 맛과 향에 길들여 가면서 그에 대해 의지가 굳어지고 입맛이 변화되어 나중에는 질병의 원인이 된다.

혈액은 혈관을 따라 돌면서 모세혈관까지 인체의 구석구석 영양분을 제공한다. 모세혈관은 머리카락의 1/10 정도의 굵기로 혈구 한 개가 겨우 비집고 들어갈 정도로 가늘다. 사람이 흥분을 하게 되면 얼굴의 한 부분이 떨리거나 입이 굳어 버리거나 손이 마비되거나 위에 경련이 일어나거나 장이 뒤틀려 배가 아프거나 심하면 혈압이 올라가는 등 그 사람의 특징에 따라 다양한 증상이 나타난다.

인체는 스트레스를 받게 되면 전신을 돌고 있던 혈액이 근육으로 모이게 되고 모든 세포들은 폭발적인 행위에 대비하는 준비태세를 갖추게 된다. 그런 반면 다른 부위, 즉 장부들로 향한 혈관들은 줄어들어 혈액이 원활히 공급되지 않는다.

화를 내거나 스트레스를 받게 되면 우리의 뇌는 신장(腎腸)의 위에 붙어 있는 부신에 메시지를 보내고 부신의 피질과 수질에서는 스트레스에 반응하여 코르티솔(당류 코르티코이드)과 아드레날린(에피네프린)을 혈액으로 분비하여 면역계를 일시 억제한다. 이때 임파구와 과립구들도 혈액으로 분비되어 스트레스에 반응하도록 준비한다.

우리 몸을 지키는 면역계의 전사(백혈구)들은 혈관과 세포, 인체를 구성하고 있는 조직 사이를 자유롭게 다니며 순찰을 하여 위험요소를 지닌 인자(박테리아, 바이러스)들을 상호교신을 통해서 제거한다. 전사들 중에 NK세포라는 백혈구는 위험요소인자를 감지했을 때 적이라는 판단이 확인되는 즉시 다른 백혈구 간의 소통 없이 바로 사멸시켜버리기 때문에 007의 즉각살세(세포사살) 면허를 가지고 있다고 할 정도이다.

이렇게 우리 인체는 수많은 지킴이들이 머리부터 발끝까지 다니며 순찰을 돌고 있다. 그런데도 불구하고 교묘하게 숨어들어온 위험인자들은 곳곳에 납작 엎드려 숨어 있거나 세포의 일부를 덮어쓰고 위장을 하고 있다. 이렇게 우리 인체에서 하루에 생기는 암적 요소는 백만 개가 넘는다고 한다. 그 백만 개를 모두 뭉치면 참깨 한 알 정도 되지만, 그것을 무시하면 참깨 크기 한 알이 콩 알 만하게 커질 수 있으니 매일 없애야 하는 데, 그 일을 담당하고 있는 전사들이 백혈구다.

이처럼 우리가 어떠한 일에 스트레스를 받게 되면 그에 대처하기 위하여 제일 위급한 장소로 집결하기 때문에 나머지 지역은 무방비 상태에 놓이게 되는 것이다. 국가로 말하자면 적이 쳐들어 와서 그 적을 막기 위해 전국 방방 곳곳에 배치되었던 지역 방위군들이 위급 상황에 대처하기 위해 사고 장소로 집결하게 되면 나머지 지역은 무방비 상태가 되는 것과 마찬가지이다.

다행이 은둔한 적(병원성 박테리아나 바이러스)이 없다면 무방비 상태라도 당분간은 안전하겠지만 끊임없이 들락거리는 위험인자들로 인해 그도 오래 가지는 못한다. 하지만 은둔한 적들이 지역 방위군이 없음을 눈치 채고 그 자리를 장악하게 되면 그곳은 적화되는 것이다. 즉, 스트레스에 의해 무방비되었던 장부나 기타 인체 기관이 매우 취약하다면 그곳에서 서서히 세력을 키워 일정기간이 지나면 질병의 증상으로 나타나는 것이다.

물론 한 번의 스트레스에 의해 질병이나 어떤 증상이 나타나지는 않는다. 수많은 시간 속에 반복되면서 일어나는 것이다.

그러면 어떻게 그 부위가 아플까? 질병이 생겼을까? 증상이 나타났을까? 쉽게 말하면 취약한 부위(아프거나 통증을 유발하는 부위)로서 관리 소홀로 염증이 발생하고, 그에 맞추어 병원성 세균이 자리를 잡을 수 있다. 그

곳은 면역계들의 접근이 다소 쉽지 않았다고 볼 수 있거나 면역계들의 에너지가 약하기 때문이라고 할 수 있다.

우리의 인체는 피부에서부터 철저히 방위를 한다. 피부는 상황에 따라 문을 열고 닫으면서 내부를 지키는 성벽 역할을 하는 것이다. 내부에서 내보내는 노폐물이나 체온을 조절하기 위해 안팎이 아주 밀접한 유기적 관계를 맺고 있다.

우리가 살고 있는 이 세상에는 수많은 미생물이 존재하고 있으며 항시 공존하고 있다. 이들 모두가 유익하지는 않다. 숙주에 의지해야 하는 유해한 미생물은 어떠한 경로를 통해서건 인체에 들어와 그들의 삶을 유지하려 한다.

어떤 식으로든 체외, 체내에 접근하는 유해한 미생물을 우리 인체는 막아내고 지켜낸다. 하지만 성내가 튼튼하지 못하여, 성 외곽에서 양식의 공급이나 성안의 전달사항을 제대로 받지 못해 허술하게 되면 끊임없이 공격해 대는 수많은 적을 막아내지 못해 일부 성문은 열려버린다. 위기(衛氣-방위의 능력)의 능력이 떨어진 것이다. 이때 성안으로 잘 쳐들어오는 침입자 바이러스의 이름이 인플루엔자(Influenza, 유행성 감기)이며 이외에도 병원성 박테리아, 바이러스 등이 있다.

이 인플루엔자들은 잠복기간이 있다. 사람에 따라 다르겠지만 그 잠복기간 동안 잘 대처하면 감기는 물러간다. 위기력이 떨어져 스스로 성문을 굳게 닫지 못하면 도와주어야 한다. 외부에 새로운 벽을 쌓듯이 옷을 따뜻하게 입어 열린 성문으로 인플루엔자 바이러스가 들어오지 못하도록 하고 내부에서 열심히 우리의 군사를 지원해야 한다.

VINEGAR RECIPE

25

체질과 체질 알아내는 방법

체질에 대한 학설들은 연구한 사람에 따라 다양하게 전개되어 발전하고 있다. 각 분야에서 이치와 논리에 맞게 연구되고 개발되어 왔으니 당연히 설득력이 있다.

사상체질, 팔체질, 음양체질 외 다양하지만 어느 것이 맞고 어느 것이 틀리다고 말할 수 없다고 본다. 공부하고 연구한 사람들이 나름 긴 시간을 투자하여 나온 결과이기 때문이다.

필자도 짧지 않은 세월을 체질을 연구하고 그에 맞는 음식을 결부시키다보니 자신감을 가지고 가족들의 건강에 최선을 다 하고 있다. 건강을 유지하는 것의 으뜸은 조화로운 균형에 있다. 균형 잡힌 건강을 유지하기 위해 체질에 맞게 음식을 먹는 것은 참으로 중요하다. 식약동원(食藥同原)에 준하여 음식을 먹고 음이 부족하면 음을 취하고 양이 부족하면 양을 취하고, 열이 많으면 냉으로 식히고 음이 과하면 양으로 다스려야 하기 때문에 자신의 체질과 식료의 사기오미를 알고 음식을 취하는 것은 행복하고 건강한 삶을 위한 기본이다.

세상의 모든 생명은 기상(氣像)을 가지고 있다. 살아있는 생명은 기(氣)만 있을 수도 없고 상(像)만 있을 수도 없으며, 기와 상이 함께하여 생명을 유지하고 있으니 비로소 살아있다고 말할 수 있다. 氣만 돌아다니면 귀신이고 像만 남아있으면 시체다.

착하고 부드러우며 상냥하고 아름답고 멋진 외모를 가진 아가씨의 기(氣)는 착함, 부드러움, 상냥함이고 상(像)은 아름답고 멋진 외모이다. 이런 귀한 사람은 모든 사람의 사랑을 받겠지만 드물 것이다. 까칠하고 쌀쌀하면서 표독한 氣에 아름답고 멋진 像을 가진 아가씨라면 무서운 氣는 버리고 보기 좋은 像만 함께하고 싶은 마음이 가득하지만 그녀를 사랑한다면 기상을 함께 감수해야 할 것이다. 이렇듯 천지는 기상을 가진 생명들로 가득하다.

대기에 보이지는 않지만 움직이는 氣와 보이면서 움직이는 像은 엄연히 함께 존재하고 있다. 봄에는 목(木)의 기운으로 씨앗이 움트고 여름에는 화(火)의 기운으로 꽃이 피며, 가을은 금(金)의 기운으로 열매가 맺히고 겨울은 수(水)의 기운으로 씨앗이 저장된다. 기운이 한쪽으로 기울어 치우친 지역은 우리나라처럼 철따라 나오는 것이 드물다. 더운 지역에서만 나오는 것, 추운 지역에서만 나오는 것 등으로 치우쳐 있다.

식물이든 동물이든 모든 생명은 자연이다. 계절에 따라 식물이 나오고 동물도 움직인다. 사람도 마찬가지다. 봄에 태어난 사람은 봄의 기운을 받고, 여름에 태어난 사람은 여름의 기운을 받으며 가을에 태어난 사람은 가을의 기운을 받고 겨울에 태어난 사람은 겨울의 영향을 받는다. 천지자연에 존재하는 음(陰)과 양(陽)은 모든 생명에 영향을 미치며, 그 음양의 기운에서 오행(伍行)이 시작되었으니 세상만물은 음양오행 속에서 존재한다고 할 수 있다.

1) 오행의 의미

오행의 목(木), 화(火), 토(土), 금(金), 수(水)는 단순히 나무, 불, 흙, 쇠, 물을 의미하는 것이 아니라 이 세상만물의 변화무쌍함을 표현하는 기호라고 생각하면 된다.

기와 형상의 의미를 살펴보면 목(木)은 발생을 말하며 봄에 땅속에 있던 씨앗이나 나무의 새싹이 굳은 땅을 뚫고 나오는 형상으로 강하게 뻗어 나가는 성질을 뜻한다. 화(火)는 발전을 뜻하며 위로 타오르는 불의 모양으로 양의 기운이 극에 달한 상태인데 여름에 잎이 무성하고 꽃이 활짝 핀 모습이다.

토(土)는 뭉치고 화합하는 것이며 후덕하고 묵직한 흙의 형상으로 木火와 金水의 중간에서 중재자 역할을 하여, 봄과 여름의 외형적인 성장을 가을과 겨울의 내부적인 성숙으로 전환하기 위한 중간 역할을 맡고 있다.

금(金)은 결실의 기로 딱딱하고 서늘한 쇠의 형상인데 봄에 싹을 틔우고 여름에 이루었던 외형적 성장을 멈추고, 내부로 거두어 수축하고 고정하여 열매를 맺는다.

수(水)는 저장의 뜻을 내포하고 있으며 차갑고 얼어붙은 물의 형상이며 모든 것을 아래로 내려 수축하고 응집하며 결집한다. 겨울에는 얼어붙은 물처럼 속에 모든 것을 간직하고 있다.

사람의 일생으로 볼 때 아기(木)-청소년(火)-장년(金)-노년(水)처럼 시작하고 성장하고 이루고 정리하고 마감하는 인생의 변화와 같다. 음양오행의 이치를 이야기 하자면 끝이 없으니 여기서 접고 계절에 준하는 체질 이야기를 들어보자.

여기 소개하는 체질은 음양오행의 거장 고(故) 변만리 회장님의 가르침을, 천지만물의 변화를 주관하는 음양오행과 계절의 절기에 준하여 정리한 것이다. 옳고 그름을 말하고자 하는 것이 아니므로 각자 스스로의 판단에 따라 생각하고 받아들이기 바란다.

2) 봄 이야기

봄날의 대기와 대지는 겨울의 차디찬 여기(餘氣)를 받아서 한랭한 기운인 음기(陰氣)를 머금고 있다. 입춘(立春)이 되면 하늘에서 따뜻한 태양의 기운이 서서히 대지를 데운다. 주로 2월 4일경부터 시작되는데 입춘이 되어도 지상은 겨울이나 마찬가지다. 그 이유는 태양이 양기를 겨울보다 조금 강하게 내려 겨우내 땅속에 저장되어 있던 한랭한 기를 끌어내기 때문에 지상에는 그 차가운 냉기가 머물고 있는 것이다. 때문에 입춘이 되어도 여전히 겨울이라고 느끼는 것이다.

대략 3월 5일경이 되면 경칩(驚蟄)으로 생명이 움트기 시작하는데 이때쯤은 양기가 땅속을 데워가며 냉기를 한 달 내내 거두어 올려 땅속이 따뜻해지면서 새싹이 본격적으로 튀어나오는 것이다. 그래서 절기의 봄을 말하는 입춘, 경칩, 청명이 있고 음력으로는 1~3월경이며 양력으로 2~4월이다.

기는 양기를 내리고 대지는 음기를 머금고 있으므로 이 시기에 탄생한 사람은 대체적으로 음습한 기운을 가지고 있다. 겨울의 한랭한 여기(餘氣-나머지 기운)와 봄의 미지근한 온기를 품고 있는 타입으로 봄의 천지에 작동하는 기운을 닮아 목체질(木體質)이라고 말한다.

3) 여름 이야기

여름은 절기로 보면 입하(立夏)부터 시작된다. 대략 음력 4월 초순경이 되는데 양력으로 5월이 된다. 이때는 우리 몸으로 봄이라고 느끼는 시기이지만, 여름이 서서히 준비되는 계절이다. 양기가 서서히 강해지기 시작하면서 태양의 기운이 땅을 데워 수기(水氣)를 완전히 끌어 올리고 지상의 식물은 그 수기를 먹고 마음껏 자라기 시작한다. 모든 생명이 이 시기에 많이 자라기 때문에 한여름이 지나면 아이들도 식물처럼 쑥쑥 크는 것이다.

하늘의 양기가 지하를 데우고 지상을 덥히니 온 천지에 열기가 가득해진다. 모든 생명은 활개를 펴고 꽃을 피우며 숨어 있던 기량을 마음껏 드러내는 시기이다. 땅속에 있던 수분도 열기로 거두어 올리고 천지의 식물이 수분을 머금고 자라니 대지의 수기가 하늘로 몰려 올라가 모여서 엄청난 비를 내린다.

이런 천지의 기운으로 인해 이때 태어난 대부분의 사람의 성정은 속으로 감추거나 숨기지 못하고 드러내고 표현을 잘하는 기를 가지고 있는 것이 특징이다. 굳이 말을 하지 않아도 얼굴이나 행동으로 드러나는 타입이다. 절기로는 입하, 망종, 소서로 음력 4~6월까지를 말하는데 양력으로 5~7월까지이며 본격적인 여름이라고 할 수 있다. 이 계절에 태어난 사람은 여름날 천지의 뜨거운 열기를 가지고 있어 그 열성을 닮아 화체질(火體質)이라고 말한다.

4) 가을 이야기

가을의 절기가 시작되는 즉시 바로 결실을 맺고 낙엽이 떨어지지 않는다. 가을의 절기는 입추(立秋), 백로, 한로이며 음력으로 7~9월이고 양력으로는 8~10월까지다. 양력 8월을 생각해보자. 무척 더운 여름이다. 대략 8월 15일쯤 지나면 모시옷의 끝이 말려 올려가 습기를 머금기 시작한다는 것을 알 수 있다. 조금씩 더위를 식혀가기 시작하지만 9월이 되어도 여전히 더위는 남아있다. 여름의 여기(餘氣-나머지 기운)가 지상에 머물고 있음이다. 봄에 겨울의 냉기가 지상으로 올라오듯이 가을도 역시 여름 내내 태양이 쬐던 땅속의 열기가 서서히 뿜어 나오는 것이다.

가을이 되면 태양의 기운은 저물어간다. 지구의 공전(公轉)에 의해 태양의 기운이 꺾여 강하게 내리던 열기가 줄어들면서 땅속은 본연의 성질인 냉기를 천천히 뿜어낸다. 냉기가 열기를 밀어 올리나 지상은 여전히 뜨거운 기운을 저버리지 못하고 여름의 기운을 간직하고 있는 것이다. 땅속에서 서서히 올라오는 열기가 땅의 습기를 말리고 지상의 생명들은 땅의 기운을 다 빼앗아 버려 지상에는 건조한 조기(燥氣)가 머문다. 이후에 서서히 냉랭하고 차가운 서리가 땅에서 올라오고 하늘에서도 서리가 내려 겨울을 준비하는 것이다. 이때 태어난 사람은 그런 천지의 기를 가져 여름과 가을의 습열의 기운을 머금는데, 금체질(金體質)이라고 한다.

5) 겨울 이야기

겨울이 시작되면 태양의 열기는 힘을 잃는다. 나무 잎사귀에 단풍이 들고 좀 더 냉기가 스며들면 낙엽이 되어 바람에 날린다. 또 겨울에 산길을 걷다보면 여기저기서 툭툭 나뭇가지가 떨어지는 소리가 들린다. 겨울이 되어 열기가 완전히 차단되면 나무는 광합성을 하지 못해 영양소를 거둘 수 없다. 나무가 내일을 기약하기 위해서는 특단의 조치를 해야 한다. 나무는 최소한의 활동을 줄여서 생명을 유지해야 한다. 그러기 위해서 제일 먼저 잎사귀로 보내는 영양과 수분을 거두어들여 뿌리에 저장한다. 그러면 나뭇잎은 굶을 수밖에 없어 시들어가는데 그 모습이 단풍으로 우리 눈에 아름답게 비치는 것이다. 울긋불긋한 단풍잎을 보며 아름답다고 감탄을 하지만 나무로서는 자신의 살을 잘라내는 일이다. 다음으로 나뭇가지를 자르고 중요한 줄기와 뿌리만 남겨서 내일을 기다린다.

겨울은 이렇게 혹독하고 차갑고 냉정하다. 모든 열기가 차단되어 한랭한 기운만이 천지에 감돌기 때문이다. 절기로 입동, 대설, 소한이 되겠다. 음력으로 10~12월이며 양력으로는 11월~다음 해 1월까지다. 이 시기에 태어난 사람은 그 천지의 기운을 받으니 다른 체질보다 몸이 냉하다. 혹시 냉하지 않고 따뜻하다면 좋은 유전자를 물려주신 부모님의 은덕일 것이다. 이 시기에 태어난 사람은 겨울의 한랭한 기운을 머금고 있어 전체적으로 냉한 편이며 수체질(水體質)이라고 한다.

6) 체질 찾는 법

요즈음은 거의 다 스마트폰을 가지고 있다. 초등학생에서 연세 많은 어르신까지, 스마트폰 앱에서 '만세력'을 다운받아 간단하게 체질을 알아볼 수 있다. 자신의 생년월일시를 음력이나 양력으로 입력하면 8개의 글자로 된 4개의 기둥이 나온다. 오른쪽에서 왼쪽으로 위에서 아래로 표시되는데 이렇게 나오는 글자는 자신의 기상을 보여주는 기호라고 생각하면 되겠다.

절기로 입춘, 경칩, 청명인 寅卯辰(인묘진)월에 태어난 사람은 목체질, 입하, 망종, 소서인 巳午未(사오미)월에 태어난 사람은 화체질, 입추, 백로, 한로인 申酉戌(신유술)월에 태어난 사람은 금체질, 입동, 대설, 소한인 亥子丑(해자축)월에 태어난 사람은 수체질로 본다. 처음 대하는 사람은 어려울 수 있으나 자신의 기상을 기호로 표현한 것이라고 생각하고 보면 쉽게 접근할 수 있다.

체질은 태어난 달을 중심으로 판단하기 때문에 태어난 달은 쉽게 찾을 수 있다. 예를 들면 양력으로 '2015년 12월 30일 오후 9시 50분'이라면 아래와 같이 표현된다.

丁 庚 戊 乙

亥 辰 子 未

을미(乙未)년 무자(戊子)월 경진(庚辰)일 정해(丁亥)시로 이 사람은 대설(子)에 태어난 수체질(水體質)로 겨울의 한랭한 기운을 기본적으로 가지고 태어났다.

천간(天干)의 기를 표현한 글자

오행	목(木)		화(火)		토(土)		금(金)		수(水)	
천간	갑(甲)	을(乙)	병(丙)	정(丁)	무(戊)	기(己)	경(庚)	신(辛)	임(壬)	계(癸)

지지(地支)의 상을 표현한 글자와 체질

체질	목(木)체질			화(火)체질			금(金)체질			수(水)체질		
태어난 달	寅	卯	辰	巳	午	未	申	酉	戌	亥	子	丑
절기	입춘	경칩	청명	입하	망종	소서	입추	백로	한로	입동	대설	소한

위의 절기를 이용하여 한 번 더 대입해 보자.

양력 '1967년 5월 29일 오전 11시 45분'에 태어난 사람의 네 개의 기둥은 아래와 같다.

戊 癸 乙 丁

午 巳 巳 未

'정미(丁未)년 을사(乙巳)월 계사(癸巳)일 무오(戊午)시'로 입하인 사(巳)월에 태어났으므로 화(火)체질이다.

음력이든 양력이든 관계없이 둘 중 하나만 알고 있으면 어느 것을 대입해도 결국은 같은 네 기둥이 나온다.

또 다른 예시를 보자.

음력 '1951년 9월 15일 오후 5시 35분'에 태어난 사람

辛 戊 戊 辛

酉 子 戌 卯

'신묘(辛卯)년 무술(戊戌)월 무자(戊子)일 신유(辛酉)시'로 한로인 술(戌)월에 태어났으므로 금(金)체질이다.

자신이나 가족의 체질을 알고 있으면 음식을 취할 때 조율하여 균형을 잡을 수 있으므로 도움이 된다.

아래의 예시를 보자

戊 癸 乙 丁

午 巳 巳 未

이 사람은 여름날의 뜨거운 절기에 태어났고 네 기둥을 오행으로 바꾸어 보면 화(火)가 다른 오행에 비해 많다. 천간의 정(丁)이 火, 지지의 사오미(巳午未)도 火가 되므로 오행이 균형을 잃었다. 火가 압도적이라 火의 기세를 조율하는 水가 많이 필요한 사람이다.

水의 장기인 신장의 기능을 도모하여 간혈의 기능을 강화시켜주는 음식이 주로 필요한 사람이다. 그에 맞는 음식으로 곡류는 보리 · 율무, 두류는

녹두, 채소류는 셀러리 · 미나리 등이고, 과일류로는 오디 · 키위, 육류로는 돼지고기 등이 있다.

7) 오장육부와 오행

동양에서는 음양오행(陰陽伍行)을 기반으로 오장육부(伍臟六腑)의 균형과 조화에 의해 나타나는 기(氣)와 혈(血)의 흐름을 건강의 척도로 삼는다. 인체의 오장(伍臟)인 간장(肝臟), 심장(心臟 : 염통), 비장(脾臟 : 지라, 이자), 폐장(肺臟 : 허파), 신장(腎臟 : 콩팥)을 오행(伍行)에 각각 대응시킨다. 육부는 '담(膽 : 쓸개)', '소장(小腸)', '위(胃)', '대장(大腸)', '방광(膀胱 : 오줌통)', '삼초(三焦)'를 말한다. 그것은 각 장부의 기능이 오행이 가지는 속성과 비슷하기 때문이다.

간(肝)은 봄에 새싹이 땅을 뚫고 나오는 목(木)의 성질처럼 튀어나오고 발생하려는 성질, 즉 혈을 뿜어내는 성질을 가지고 있다. 영어로 봄을 스프링(Spring)이라고 말하는 것과 같다. 심장은 火의 성질처럼 온 몸으로 기혈을 퍼트리고 있으며 지각, 기억, 사고, 의식, 판단 등의 정신 활동을 관장하고 있고, 비장(이자, 지라 또는 췌장, 비장)은 土의 본성인 만물을 조화롭게 하는 성미처럼 음식물 소화에 관여하고 피가 온몸으로 순조롭게 순환하도록 조절하고 통섭하는 통혈작용으로 모든 장부의 조화에 기여한다.

폐장은 金의 기운처럼 흩어진 것을 모으고 강력한 종기(宗氣)를 생성해 기의 오르고 내림과 나가고 들어옴을 조절한다. 신장은 水의 성미처럼 정미한 물질인 인체의 진액과 水氣를 한 곳으로 응집하여 모았다가 전신으로 돌려주는 역할을 한다.

오행	목(木)	화(火)	토(土)	금(金)	수(水)	
오장	간장	심장	비장	폐장	신장	
육부	담(쓸개)	소장	위장	대장	방광	삼초

8) 체질과 오장육부 에너지의 강약

자연의 조화를 살펴보면 봄에는 발생하는 에너지인 木의 힘이 강하고 여름에는 성장의 에너지인 火의 힘이 강하다. 가을에는 결실의 에너지 金기가 강하고 겨울에는 저장의 에너지 水의 힘이 강하다. 강한 것이 있으면 약한 것도 있어 서로 공존하면서 세력을 나타낸다. 봄은 시작과 발생하는 힘이 강하지만 수축하고 맺는 결실이 약하다. 여름은 성장하고 확장하는 힘이 강력하지만 응집하고 저장하는 힘은 약하다. 가을은 봄과 반대로 수축하고 맺음의 힘은 강하지만 발생과 시작의 에너지가 매우 약해 가을에는 피는 꽃보다 지는 꽃이 대부분이다. 겨울은 응집하고 모으고 저장하는 에너지가 강한 반면 성장하고 펼치고 뻗어가는 기운은 매우 약하다.

봄은 木이요, 가을은 金이다. 여름은 火이며, 겨울은 水다. 그래서 봄은 木이 왕성하고 金이 쇠하며, 여름은 火가 왕성하고 水가 쇠하다. 또한 가을은 金이 왕성하고 木이 쇠하며, 겨울은 水가 왕성하고 火가 쇠하다.

이런 자연의 에너지처럼 인체의 오장육부도 계절변화에 따라 왕성하거나 쇠하거나 강하거나 약하게 나타난다. 봄에 태어난 목체질은 간과 담장의 장부가 왕성하고 폐장과 대장의 장부가 쇠하며, 여름에 태어난 사람은 심장과 소장의 장부가 왕성하고 신장과 방광의 장부가 쇠하며, 가을에 태어난 사람은 폐장과 대장의 장부가 왕성하고 간장과 담장의 장부가 쇠하며, 겨울에 태어난 사람은 신장과 방광의 장부가 왕성하고 심장과 소장의 장부가 쇠하다. 여기서 어느 장부가 강하면 좋고 어느 장부가 쇠하면 나쁘다는 말은 생략하겠다. 강하면 좋고 쇠하면 나쁘다는 의미보다는 부족한 장부의 에너지를 강화시켜주는 것이 더 중요하기 때문에 왕쇠(旺衰)를 설하면서 논박할 필요가 없다.

왕성한 장부는 그 장점을 살리고 쇠한 장부의 기능을 강화시켜주는 것이 중요하므로 쇠한 장부에 대하여 음식이나 기타 방법을 보완함으로써 장부의 균형을 먼저 잡아주는 것이다.

물론 간, 담이 나쁘면 그에 따라 발생하는 질병이 다양하다. 어느 장부든지 그 기능이 떨어지면 질병이 매우 다양한 양상으로 나타나기 때문에 어떤 체질에게서 어떤 질병이 잘 발생하는지 알아내거나 찾고 외우는 것은 의미가 없다. 관절에 염증이 나타나기 때문에 관절염이고, 혈압이 높기 때문에 고혈압이며, 오줌으로 당이 나오기 때문에 당뇨고, 요산이 많이 나와 뼈마디에 쌓이기 때문에 요산증이고, 관상동맥이 굳어 버려 관상동맥 경화증이다.

대부분 나타난 증상을 의미하는 이름을 붙인 것이며, 나타난 증상에 대한 치료요법인 대증요법은 임시방편인 경우가 많고 근본적인 치유가 되기 어렵다. 원인을 찾아서 치유하는 것이 중요하고 가장 중요한 것은 건강할 때 관리하는 것이다.

이미 현재의 상태가 건강하지 못하다면 그렇게 되기까지 수많은 시간을 소요한 것이며 결과인 질병을 치유하기 위해서는 질병을 만들어온 시간보다 더 많은 시간과 노력이 필요하다. 그런 마음으로 이미 나타난 현상에 두려워하거나 한탄하지 말고 마음을 추스려 몸을 위해 몇 배로 노력해야 한다.

체질별 왕쇠장부				
체질	목(木)체질	화(火)체질	금(金)체질	수(水)체질
왕한 장부	간장, 담장	심장, 소장	폐장, 대장	신장, 방광
쇠한 장부	폐장, 대장	신장, 방광	간장, 담장	심장, 소장

9) 제철음식과 오장육부의 힘

인체는 스스로 항상성(恒常性, homeostasis)을 유지하기 위해 노력하고 있지만 그 노력에 부합할 수 있도록 우리는 인체를 도와야 한다. 즉, 자신의 건강을 위해서 스스로 노력해야 하며, 그 중심이 제대로 된 식료의 선택과 음식을 제대로 먹는 것이다.

여름에는 시원한 물과 음식을 먹고, 겨울에는 따뜻한 물과 음식을 먹는다. 봄에는 신맛이 나는 음식이 많고 가을에는 매운맛을 가진 식료가 많이 나온다. 봄에 신맛이 나는 음식이 주를 이루고 신맛을 많이 먹는 이유는 약한 폐장의 기능을 도모하기 위함이다. 봄에는 간 기능이 강한 반면 폐기능이 쇠하여 간의 능력을 따라가기가 힘들다. 왕성하게 튀어오르는 간의 기능에 맞추어 폐장이 추동작업을 하려면 폐의 기능도 왕성해야 한다. 봄의 왕성한 肝氣를 맞추어 주려면 폐기를 강화하는 음식이 필요하고 그 음식들은 수렴(收斂)하여 거두어들이는 힘이나 맛을 가진 것들이 주류를 이룬다. 그것이 신맛이고 푸른색을 가진 음식이며, 그 음식들이 수렴 역할을 하여 폐기를 강화시킨다.

예를 들면 봄철 간기의 힘이 80%라면 폐기의 힘은 20% 정도가 된다. 20%의 폐기의 힘으로 80%의 간기를 돌릴 수는 없다. 간혈을 돌려주는 폐기가 20%밖에 안 된다면 간혈도 20%만 돌아가고 나머지 60%는 소실되고 말 것이다. 그렇게 되면 인체는 약해져 질병을 유발하는 원인이 될 수도 있다. 부족한 60%의 힘을 폐기가 작동할 수 있도록 음식으로 도와주어야 하는 것이다.

폐기를 강화하지 못하면 강력한 간기와 조화를 이룰 수 없어 간기의 강력한 힘은 소실되어 능력을 발휘하지 못하게 되므로 폐기를 강화해야만 간기가 제대로 돌아가기 때문에 신맛이 간을 좋게 한다고 하는 것이다. 나머지 다른 장부의 이치도 계절에 따라 같이 적용되고 작용한다.

여름에 신장을 좋게 하는 수분을 함유한 음식이 많은 것이나, 가을에 매콤하고 발산하는 기운이 많은 음식을 찾고 겨울에 기를 도모하는 음식을 먹는 이유가 모두 이 때문이다. 자연의 조화에 의해 이 모든 것이 이루어져왔으며 이것이 계절에 맞춰 음식을 먹어야 할 이유다.

'철모르는 아이들, 철없는 것들'이라고 하면서 어리석은 행동을 개탄하는 경우가 있다. 이때 '철모르는', '철없는'이란 말은 계절의 변화와 제철에 맞게 조화를 이루지 못하는 것에서 비롯되었다. 겨울에 수박이 나오면 철없는 것이고 그것을 좋다고 먹으면 철모르는 것이 된다.

수박은 여름에 먹어야 신장의 기운을 도모하고 신장의 기운이 좋아져야 심장이 제대로 활동한다. 이렇듯 음식은 조화롭게 먹어야 건강을 지킬 수 있다. 인간은 자연에서 태어난 자연의 일부이기에 그것에 순응하는 것이 건강을 지키는 길이다.

VINEGAR RECIPE

26

황세란유인균 발효식초 체질에 맞추어 먹는 방법

먹는 음식물을 食이라고 하고, 藥이라고 하는 것은 한자에서 드러나듯이 풀을 통해서 즐거움을 찾는 것이며, 약이 되는 약초나 육류, 어류를 본초라고 한다.

'식약독동원(食藥毒同源)'은 먹는 것은 약이 되지만 모든 음식이 다 약이 될 수 없고 독도 될 수 있다는 것이다. 성분이나 영양학적으로 좋지 않은 음식은 없다. 하지만 그 음식이 모든 사람에게 다 좋다고 할 수 없다. 같은 음식을 먹어도 사람에 따라 기운이 있거나 없을 수 있고 소화가 되거나 안 될 수도 있다.

음식이나 약은 사기오미(四氣伍味)로 구분한다. 사기는 온열량한(溫熱凉寒)이며, 미(味)는 산고감신함(酸苦甘辛鹹)이다. 대중적이고 보편적인 음식은 음양이 편중되지 않는 것을 음식으로 주로 사용하지만, 보편적인 음식도 매우 찬 성질이나, 더운 성질을 가진 것이 있다.

알로에 같은 것은 한기를 머금고 있어 매우 寒性이기에 음인(水체질, 木체질) 같은 경우 음용하면 독이 되고 인삼이나 부자(부추씨앗)는 매우 더운 성질을 가지고 있어 熱性으로 화열이 많은 사람인 양인(火체질, 金체질)이 먹으면 독이 된다.

양인 중에 지나친 화열(火熱)에 의하여 이미 진액이 소모되어 수분이 부족한 사람도 손발이 찰 수 있다. 이럴 때는 양기가 아닌 수분을 보충해 주어야 한다.

선풍기를 끌어안고 살고 찬 음식을 좋아하고 땀을 많이 흘려도 배가 차거나 변이 잦거나 무르거나 설사를 하면 속은 냉한 것이며 허열이니 수체질이나 목체질은 인삼, 홍삼, 꿀이 좋다.

손발이 차고 추위를 타며 이불을 잘 덮고 자는 사람도 어지간해서 설사안하고 변비성향이고 음식으로 탈이 없으면 속에 열이 있는 것이므로 인삼, 홍삼, 꿀은 독이 된다.

바깥으로 나타나는 증상만을 고려하면 안 된다.

平 - 병을 불문하고 평에 맞춤을 목표로 하고,

中 - 어느 한쪽으로 치우치지 말고 중심에 가까이 가도록 노력하고

和 - 조화를 이루도록 해야 한다.

무조건 좋은 음식이라고 탐하기 전에 자신의 체질을 잘 아는 것이 건강의 지름길이라 할 수 있다.

모든 식료는 제각기의 성질과 맛을 가지고 있으며 식재료의 성능에 따라 인체 오장육부의 경락으로 들어가 장부의 기능을 강화시키고 그 효능 또한 제각기 다양하게 작용한다. 식재료가 가진 특징이나 성능이나 효능은 개별적인 면에서는 모두가 뛰어나다. 문제는 그 성능이나 효능을 어떻게 활용하는가에 달려 있다.

최종 결과물인 식초가 그 기능을 다 보유하고 있겠냐고 하겠지만, 식재료가 가진 근본적인 기능과 효능은 외면할 수 없다. 우리가 음식을 원재료 그대로 먹지 않는 한 그 모든 것을 취할 수가 없다. 그대로 먹는다고 하더라도 그 식료를 완전히 소화 · 흡수할 가능성은 희박하다. 굽고, 삶고, 지지고, 볶는 등 열을 가하고 가공하면서 거의 변질된다. 그리고 식재료를 그대로 먹는다고 해도 완전히 취하지 못하고 배출되는 것이 많다. 식초는 식재료가 가진 좋은 성분을 유기산화시켜서 인체가 사용해야 할 소화효소의 양을 줄여준다.

모든 식재료는 온열량한(溫熱凉寒)의 사기(四氣)와 산고감신함(酸苦甘辛鹹)의 시고, 쓰고, 달고, 맵고, 짠맛의 오미(伍味)를 가지고 있다. 맛은 1~3가지를 가지고 있으나 대개 사기 중 하나의 성질을 띠게 된다. 어떤 식재료는 그 성질이 맹렬하여 그 효능을 강하게 나타내고 어떤 식재료는 그 성질이 온순하여 그 효능을 서서히 발휘하지만 모든 식재료의 성질을 외면해서는 안 된다. 평(平)한 성질의 식재료는 체질에 관계없이 먹어도 되지만 엄격하게 따지면 이도 사기(四氣)로 완전히 구분할 수 있다.

우리가 주로 먹고 있는 대부분의 식재료들이 온순한 것이 많아서 부담이 없다고 하지만, 그 성질은 뚜렷하게 가지고 있음을 알아야 한다. 고추는 열성과 매운맛을 가지고 있기 때문에 열을 조성하여 비장과 심장으로 귀경(歸經: 경락으로 들어감)하여 따뜻하게 하는 데 도움을 준다. 따라서 그 기운이 필요한 사람에게 도움이 되므로 몸이 냉한 사람에게 좋고, 몸에 열이 많고 비장과 심장에 열기가 많은 사람에게는 맞지 않는 식품이다. 즉 몸이 습한 목체질(木體質)과 수체질(水體質)에게는 잘 맞고 화체질(火體質)과 금체질(金體質)은 될 수 있으면 적게 먹는 것이 좋다. 매운 청양고추일 경우에는 더욱 조심해야 한다.

한두 번 먹었을 경우에는 그다지 표가 나지 않지만, 계속적인 반복으로 누적이 될 때는 인체의 변화에 일조하게 되므로 음식을 먹을 때는 그 성미를 관찰해서 먹고, 아는 순간부터 관리하는 것이 건강을 위한 투자가 되겠다.

이런 원리로 식초를 먹을 때도 자신에게 맞는 식초를 주로 해서 먹고 혹시 맞지 않는 식초를 먹을 때는 잘 맞는 것을 배합해서 먹는 것이 더 도움이 되겠다.

분류를 하면 다음과 같다.

- 목체질(木體質) : 평하거나 따뜻하거나 뜨거운 성질의 식재료
- 화체질(火體質) : 평하거나 시원하거나 차가운 성질의 식재료
- 금체질(金體質) : 평하거나 시원하거나 차가운 성질의 식재료
- 수체질(水體質) : 평하거나 따뜻하거나 뜨거운 성질의 식재료

1) 목체질 - 폐, 대장과 비위(췌장과 비장, 위장)의 기능을 도와주는 식초

귤식초, 귤껍질식초, 복분자식초, 파인애플식초, 홍시식초, 포도식초, 양파식초, 토마토식초, 당근식초, 파프리카식초, 감자식초, 단호박식초, 고구마식초, 시금치식초, 더덕식초, 생강식초, 마늘식초, 현미식초, 쌀식초, 옥수수식초

2) 화체질 - 신장과 방광 및 간과 담의 기능을 도와주는 식초

사과식초, 파인애플식초, 바나나식초, 포도식초, 홍시식초, 유자식초, 셀러리식초, 오이식초, 시금치식초, 마식초, 도라지식초, 더덕식초, 배식초, 보리식초, 좁쌀식초, 흑미식초, 녹두식초, 검은콩식초

3) 금체질 - 간과 담장 및 신장과 방광의 기능을 도와주는 식초

사과식초, 배식초, 파인애플식초, 바나나식초, 포도식초, 석류식초, 유자식초, 파프리카식초, 셀러리식초, 토마토식초, 오이식초, 우엉식초, 연근식초, 배추식초, 흑미식초, 보리식초, 녹두식초, 검은콩식초

4) 수체질 - 심장과 소장 및 위장과 비장, 폐의 기능을 도와주는 식초

귤식초, 귤껍질식초, 복분자식초, 파인애플식초, 포도식초, 홍시식초, 양파식초, 당근식초, 단호박식초, 생강식초, 감자식초, 고구마식초, 마늘식초, 현미식초, 쌀식초. 렌틸콩식초, 옥수수식초

★ 이 외에도 여러 가지의 식재료를 체질별로 분류하여 먹으면 장부의 기능에 효능을 발휘하여 인체건강을 다지는 데 도움이 된다. 식재료의 성미가 온열량한(溫熱凉寒)이 뚜렷한 것은 될 수 있으면 체질에 맞추어 구분해서 먹으면 더욱 좋다. 약간 차거나 약간 따뜻한 식재료로 구분이 되는 것, 평한 식재료 등은 대부분 체질에 구분 없이 먹기도 한다.

본문 중에 식재료의 성미(사기오미 : 四氣伍味-기운과 맛)와 인체의 오장육부로 귀경하여 장부의 기능을 강화하는 식재료 등을 구분하였으니, 식재료의 성미를 잘 살펴서 자신에게 맞는 것을 찾아 섭취하면 도움이 될 것이다.

하지만 체질에 잘 맞지 않는 것을 먹을 수도 있고, 또 먹고 싶을 때는 굳이 피하지 말고 체질에 잘 맞는 것과 희석하여 마시면 된다. 단, 너무 많이 먹는 것은 자제하면 좋겠다.

체질에 맞는 것과 맞지 않는 것을 희석할 때는 2 : 1 비율이 적당하다.

무엇보다 기분 좋은 생각으로 잘 먹고 행복하다면 바로 그것이 건강의 비결이라고 여긴다.

〈본초강목〉에 "식초는 해로운 세균을 죽이고 장내세균들이 정상적인 비례를 유지하도록 돕는 역할을 해서 위장기능을 강화시킨다. 혈액 안의 지방함량을 낮추어 혈액 내 당 함량을 조절하고 체내에서 활발하게 순환할 수 있도록 도와준다. 지방이 쌓이는 것을 막으며, 신진대사를 활발하게 하여 피부미용 및 노화방지에 좋다."고 기록되어 있다.

식초의 구연산은 칼슘, 철분, 마그네슘의 흡수율을 4배 정도 높이는 역할을 한다. 식초가 뼈 건강에 좋지 않다거나, 뼈를 삭힌다는 속설이 있는데, 오히려 칼슘을 흡수할 때 식초의 구연산과 결합하면 칼슘의 흡수를 촉진한다. 식초를 칼슘과 함께 먹을 경우 위장관에서 칼슘의 흡수를 촉진하기 때문에 뼈건강에 도움이 된다.

식초에는 60여 가지의 유기산 성분이 있으며, 식초의 유기산이 대장의 유해균 증식을 막아준다. 피로물질과 콜레스테롤을 제거하여 혈관을 깨끗하게 한다.

PART 02

황세란유인균과 발효식초 레시피

VINEGAR RECIPE

1

황세란유인균 발효식초 만들기 기본

발효는 재료, 장소, 기온에 따라서 기간이 다르다는 것을 기본으로 한다. 하지만 대부분 다음의 방법을 기본으로 선택하면 적절하고도 빠른 시기에 황세란유인균 발효식초를 거둘 수 있다.

황세란유인균 사용량

식재료의 성미나 재질에 따라서 약간씩 달리하지만 보편적으로 1kg, 또는 1L당 2g을 사용한다. 술이나 식초를 만들 때에는 1kg, 또는 1L당 4~5g을 사용하는 것을 원칙으로 한다.

1) 재료 선택

식물은 신선한 것이 좋으며, 과일은 숙성된 것을 이용한다.

2) 손질과 씻기

재료를 손질할 때 상한 부분이 있으면 먼저 제거하고 그 주위도 깨끗하게 정리한다. 손질이 끝난 재료는 세척하여 황세란유인균 발효활성액에 20분 정도 담갔다가 1~2회 정도 헹구고 재료에 따라 물기를 일부 제거한다.

3) 분쇄나 파쇄

칼, 분쇄기, 믹서, 녹즙기 등을 이용하여 파쇄한다. 재료에 따라서 손으로 으깨어서 사용하는 경우도 있다.

4) 당류 사용

당류로는 원당(가공하지 않은 당, 유기농당), 설탕, 조청, 꿀, 올리고당 등을 사용하며, 당류에 따라서 당도에 약간씩 차이가 난다. 참고로 올리고당의 당도는 설탕의 60%이며, 꿀은 항균작용으로 발효가 더딜 수 있으므로 많은 양을 사용하는 것은 권하지 않는다. 단, 미량을 쓸 때는 첨가해도 좋다. 조청은 엿기름 맛이 있으므로 곡류를 사용할 때 잘 어울리며, 그 외 다른 식료에는 깔끔한 맛을 만들기 위해 원당이나 설탕을 권한다. 이는 권장사항으로 개인의 취향껏 첨가하면 된다.

알코올 발효를 위하여 당의 함량을 맞춰야 하는데 곡류, 두류, 서류, 식물류나 과일류에 따라서 당도가 다르므로 사용 재료에 따라 가당(加糖)량을 달리한다. 일반적으로 당 함량을 24% 정도에 맞추었을 때 알코올 발효가 잘 일어난다.

당분을 첨가할 때는 다음 공식을 이용하여 첨가할 당량을 산출한다.

(1) 당 첨가량(g)=식재료 무게(g)×(0.24-식재료의 당도/100)

예 사과 10kg 담글 때(사과의 당도 14brix로 가정)

1kg = 10kg×(0.24-14/100)-당 첨가량 1kg

바나나 10kg 담글 때(바나나의 당도 16brix로 가정)

0.8kg = 10kg×(0.24-16/100)-당 첨가량 0.8kg

(2) 처음부터 물을 추가하여 발효를 시작할 때는 물에 대한 당도도 측정하여 추가해야 하는데, 물은 당도가 0이므로 24%를 넣어 주어야 한다. 100ml당 24g을 추가한다.

(3) 식료는 같은 종류라도 자라난 환경에 따라서 당의 함량이 다르기 때문에 일일이 측정하기가 쉽지 않다. 본서에서는 각 식료의 일반적인 당도를 기준으로 하였다.

(4) 순수 원액으로 만들고 싶다면 물을 넣지 않고 만들 수 있으나, 당분의 비율을 조절을 잘 해야 한다. 과일이나 채소가 가진 당도에 당분을 추가하여 만들 수 있는데, 측정 도구가 필요하다.

즙이나 액이 별로 없는 식재료를 발효할 때는 물이 필요하지만, 즙이 많은 식료는 물을 넣지 않아도 당도를 맞추어 주면 알코올 발효가 잘 된다.

당분을 기준치보다 줄여도 알코올 발효가 되지만, 맛이 쓰고 독한 경우가 있다. 당도가 너무 낮은 식료를 사용하면 알코올로 발효되기 어렵기 때문에 균들이 많이 번식할 수 있는 환경을 마련해 주면 좋다.

이렇게 발효된 알코올은 12~14%의 도수를 가지는데, 알코올 도수가 10% 이하, 7% 이상일 때 식초가 잘 생성된다.

물을 추가하지 않고 원액 그대로 제조할 경우에는 알코올 도수를 낮추기 위해 알코올을 휘발시켜야 하는데, 식초가 생성되기까지 다소 시간이 소요된다.

당을 표현하는 단위로 일반적으로 'brix'나 '%'를 사용하는데, %는 부피의 단위이고 brix는 무게의 단위이다.

브릭스(Brix)란 과즙의 농도를 표시하는 단위로 100g의 물에 녹아 있는 당의 g이다.

5) 알코올 발효

당도를 약 24%로 보정한 식재료를 유리병에 2/3 정도 채우고, 병의 뚜껑에 구멍을 내어 발효 중에 발생하는 이산화탄소 배출을 용이하게 한 후 온도를 맞추어 발효한다.

황세란유인균으로 종균하여 발효할 때는 혐기성으로 하기 때문에 따뜻하게 유지하면 발효가 빨라진다. 식료에 따라서 발효하는 기간이 약간씩 상이하며 온도에 따라 발효기간도 달라지는데 15°C에서는 3~4주, 20~25°C 온도에서는 2~3주, 30~37°C에서는 1~2주 이내에 알코올 발효가 끝나기도 한다. 많은 양을 담글 때 재료를 잘게 분쇄하고 발효 유리병의 주위를 따뜻하게 감싸주면 발효기간을 단축할 수 있다.

6) 발효 후 건더기의 분리와 공기 주입

알코올 발효가 끝나고 당도가 12~14% 정도가 될 때, 술과 건더기를 분리하고 분리한 술의 알코올 농도가 7~8%가 되도록 매일 저어가며 알코올을 증발시켜가며 초산발효한다. 알코올의 초산발효는 발효과정 중에 초산균이 공기(산소)를 필요로 하므로 통기를 시키는데, 통기량이 너무 많으면 혐기성에서 살아가는 젖산균의 활동이 저하되어 부드러운 맛이 줄어드므로 통기가 이루어지는 표면적을 적절하게 만들어 준다.

뚜껑을 열어서 공기를 유입할 때는 이른 아침 공기가 맑을 때 하는 것이 좋다.

초산발효의 최적 조건은 알코올 농도가 7~8%, 배양온도가 33℃일 때이다. 이러한 조건이 충족될 때 초산균 생성률이 높으나 이도 식재료에 따라 약간씩 달라질 수 있다. 술을 초산발효할 때 발효과정 중 표면에 초산균막이 형성되는데 이 초막이 형성될 때까지 온도가 떨어지면 식초발효가 늦어지므로 찬 곳으로 옮기지 말고 발효시켜야 한다.

(1) 알코올 도수를 낮추기 위해 중간에 물을 추가(가수 : 加水)하기도 하는데 물의 양에 따라서 식초의 맛이 좌우된다. (물을 추가하면)식초 진행이 빠르지만 맛이 떨어지는 경우가 있으므로 꼭 참고해야 한다. 황세란유인균으로 종균하여 발효할 때는 자연 상태에서 균을 불러 모으는 기간보다 매우 빠르게 진행되므로 일반발효보다 기간이 단축된다.

(2) 물을 추가하여 당도나 알코올 도수를 떨어뜨리기보다는 물을 추가하지 않고 자주 저어가면서 알코올이 증발할 수 있도록 하는 것이 식초의 맛을 좋게 하는 비결이다.

7) 숙성과정

황세란유인균 발효식초의 발효기간은 식초의 종류에 따라 다르나 관리를 잘 하면 대부분의 경우 6개월에서 1년정도 소요된다. 온도가 낮으면 발효가 지연되나, 맛과 향이 더 좋아질 수 있다. 숙성과정 중에 고유한 초산의 자극성이나 향미의 원숙이 이루어지고 미분해단백질, 펙틴, 균체 등이 침전되어 여과정제를 용이하게 한다.

황세란유인균 발효식초를 5개월 이상 저온 저장하면 각 식료의 독특한 향기와 맛을 얻을 수 있는데, 이는 알코올과 초산, 젖산 및 유기산이 숙성 중에 발효하여 에스테르로 변하기 때문이다. 황세란유인균 발효식초는 숙성과정 중에 맛과 향기가 더욱 부드러워지고 좋아진다.

8) 살균보관

황세란유인균 발효식초는 전통발효식초처럼 균들이 살아 있어 계속 활동을 하기 때문에 침전물이 생길 수 있다. 유산균이나 초산균 이외에 식재료 손질과정, 또는 발효과정 중에 잡균이 들어갈 수 있으므로 품질 보존을 위해서 살균을 한다. 식초를 깨끗한 유리병에 담고 60~65℃에서 20~30분간 또는 80℃에서 5~7분간 가열하여 살균한다. 대부분의 미생물은 60℃가 넘어가면 살지 못한다. 하지만 유인균으로 발효한 식초는 잘 죽지 않는 것이 특징이다. 살균할 때 온도가 너무 높으면 식초의 향미가 변할 수 있다. 살균 후에는 마개를 꼭 막아서 서늘한 장소에서 보관하면 장기간 보존할 수 있다.

VINEGAR RECIPE

2

황세란유인균 발효식초 만들기 포인트

1) 유인균 발효식초 많이 만들기

작은 양의 식초를 만들면 공들여 발효한 기간에 비해 먹는 속도가 빠르다. 본서에서는 20L 대용량과 2L의 작은 병을 기준으로 하였다. 작은 병으로 양을 적게 하여 긴 시간 투자로 식초가 완성되고 나면 시간 대비 양이 적어서 온 가족이 넉넉하게 먹거나 지인들에게 나누어 주기에는 양이 충분하지 않다. 20L 유리병을 사용하면 많은 양의 발효식초를 만들 수 있다. 20L 유리병을 사용한 대용량 발효 시 탄소매트를 활용하면 수월하게 발효 온도를 조절할 수 있다.

2) 유인균 발효로 순수 식초 만들기

황세란유인균 발효식초를 만들 때는 누룩을 사용하지 않는다. 쌀이나 보리, 밀을 재료로 하여 만든 누룩의 맛이나 향이 가미되지 않기 때문에 원하는 식재료의 순수한 맛과 향, 색을 얻을 수 있다.

3) 완전히 술이 되었을 때 분리하기

식료를 발효하면 알코올이 되고 알코올이 초산발효되어 식초가 된다.

여기서 식초가 되기 전에 꼭 술(酒 : 알코올)이 되었는지 확인해야 한다. 미처 술이 되지 않았거나 술의 도수가 너무 높으면 식초가 잘 생성되지 않는다. 술의 도수가 높을 때는 뚜껑을 잘 조절하여 알코올을 날리거나, 당도가 높을 때에는 물을 추가하는데, 이때 물을 추가하면 맛이 떨어지므로 적절히 잘 조절한다.

4) 발효 속도

발효 속도는 계절, 기온, 시간에 따라 다르다. 발효가 진행 중일 때는 위치만 바꾸어도 발효의 방향이 달라지는 경우도 있다. 우리집 된장이나 김치를 다른 집에서 얻어가 하루만 두어도 원래의 그 맛이 나지 않는 이유가 주위의 여러 조건들이 바뀌었기 때문이다.

일반적인 발효는 겨울에는 거의 잘 이루어지지 않고 여름에 매우 잘 되며, 봄, 가을에는 서서히 진행되는 편이다.

계절에 관계없이 술이나 식초를 잘 발효시키려면 30~37°C 사이의 온도를 유지하면 된다. 급하게 발효를 하지 않아도 된다면 따뜻한 온도에서 발효하고 저온 숙성을 원한다면 저장고나 시원한 곳에 보관한다.

발효온도 TIP

온도를 일정하게 유지하면 발효의 속도가 빨라진다. 알코올로 진행할 때는 36~37℃, 신맛이 나기 시작할때까지 31~34℃로 유지하면 유인균이 변화에 적응하는 시간을 줄일 수 있다.

발효 온도를 일정하게 유지하는 것은 발효실이 없거나 기구가 없으면 실온이나 일상적인 온도에서 진행하기 어렵다. 온도센서가 부착된 발효탄소매트를 활용하면 원하는 온도로 유지할 수 있다. 발효탄소매트는 다양한 크기의 용기에 모두 이용 가능하며, 가격도 저렴하여 매우 경제적이다.

5) 발효용기

발효는 미생물의 작용으로 진행된다. 미생물은 공기 중에서 활동하는 호기성과 공기를 싫어하는 혐기성으로 구분되는데 황세란유인균은 혐기성인 상태에서 활동을 더 잘한다. 항아리는 공기의 출입으로 유인균의 활동이 저하되거나 혐기성 상태를 만들기 위해서 막을 형성하는 등 또 다른 노력을 하기 때문에 발효가 더딜 수 있고 잡균이 침투할 수 있다. 유인균 발효식초를 만들 때는 잡균이나 공기가 출입할 수 없는 유리병을 사용하는 것이 더욱 좋다.

6) 발효 유리병 공기 배출구

발효할 때는 미생물의 작용으로 이산화탄소가 배출된다. 황세란유인균은 활동이 매우 왕성하여 뚜껑을 꽉 닫았을 경우 이산화탄소 배출이 불가하여 강한 압력이 생겨서 뚜껑이 터지거나 튀어오를 수 있으며, 병이 깨질 수 있으므로 발효 유리병 뚜껑에 구멍을 뚫어 이산화탄소를 배출시켜야 한다. 공기 구멍을 너무 크게 뚫으면 초파리가 들어갈 수 있으므로 바늘구멍 크기로 뚫는 것이 좋은데, 간혹 크기가 너무 작아서 압력을 이길 수 없는 경우가 있다. 그럴 때는 바늘구멍 크기의 공기 구멍을 두 개 정도 뚫어서 공기 배출을 조절하고 발효가 끝나면 종이테이프로 막으면서 필요할 때마다 떼었다 붙였다 할 수 있도록 한다.

7) 아이디어 덮개 만들기

황세란유인균 발효식초를 만들기 위해서는 술(알코올) 발효가 끝난 후에 초산발효를 해야 하는데, 이때는 초산균의 활동을 원활하게 돕기 위해서 공기주입이 중요하다. 수시로 뚜껑을 열어 공기를 주입하거나 자연스럽게 공기가 통하는 뚜껑으로 교체해야 한다. 공기 유입을 위해 뚜껑을 열어 두면 초파리나 잡균, 먼지가 들어가 오염되므로 공기가 통하는 덮개를 해 주어야 한다. 큰 유리병의 입구 전체를 한지나 면보, 삼베를 활용하여 덮으면 입구가 넓어 주입되는 공기의 양이 너무 많아짐에 따라 산막효모가 생기거나 식초의 양이 줄어들기도 한다. 이러한 현상을 막으려면 '아이디어 발효 덮개'를 만들어 사용하도록 한다.

★ 아이디어 식초 발효 덮개 만드는 방법 ★

(준비물 - 숨 쉬는 한지, 코팅한지, 풀, 가위)

① 코팅한지를 발효 유리병 뚜껑보다 크게 잘라준다.
② 코팅한지의 중앙을 지름 4cm 정도로 오려낸다.
③ 일반 한지(공기 유입 가능한 한지)를 지름 7cm 정도로 자른다.
④ 중앙을 오려둔 코팅한지의 까칠한 면 쪽에 ③의 한지를 야무지게 붙인다.
⑤ 발효 유리병에 덮을 때 까칠한 부분이 아래로 가도록 한다.
⑥ 덮개 주위를 빈틈없이 막아서 초파리가 들어가지 못하도록 해야 한다.

★ 아이디어 발효 덮개의 활용 ★

술과 건더기를 분리해서 식초를 만들 때는 공기를 유입하여 초산균을 활성화시켜야 한다. 뚜껑을 덮은 상태에서는 공기가 유입되지 않아 초산이 생성되지 않으므로 뚜껑을 수시로 열어서 공기를 유입시키거나 아이디어 발효 덮개를 만들어 덮어준다.

공기의 유입방법에 따라 식초의 발효속도는 달라진다. 본서에서는 뚜껑을 열어서 공기를 유입하는 것으로 과정을 서술하였다.

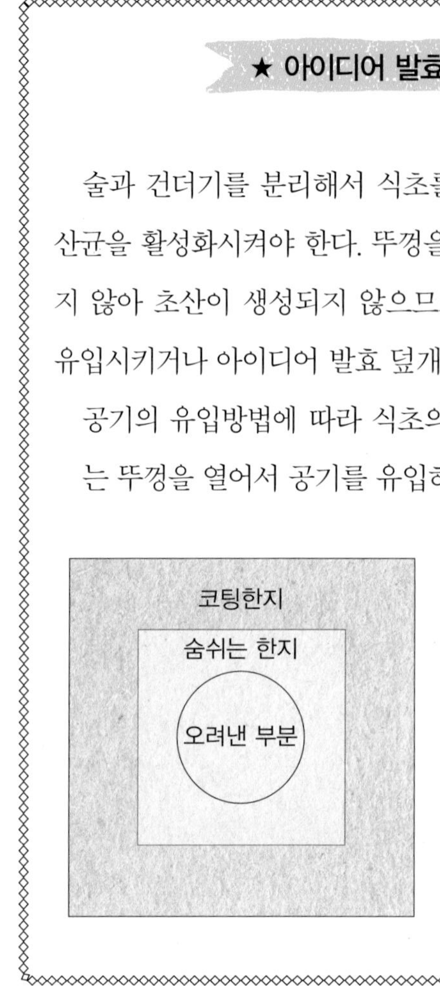

8) 물의 차이

발효에서 물은 매우 중요한 역할을 한다. 물에 따라서 맛이 달라지기도 한다. 통상적으로 발효할 때는 물을 끓여서 멸균한 후에 사용하는데, 권장하는 방법은 아니다. 염소소독한 물 역시 유인균의 활성을 돕지 못하므로 피하는 것이 좋다. 대신 미네랄이 함유된 물, 암반수 등의 생수를 권한다.

9) 따뜻한 물과 찬물의 차이

황세란유인균은 따뜻한 물을 좋아한다. 인간의 체온처럼 미생물도 따뜻한 온도를 좋아하기 때문에 30~37℃ 정도에서 가장 활발히 활동한다. 물론 혹한의 얼음물 속에 사는 미생물도 있고 펄펄 끓는 온천물 속에 사는 미생물도 있지만 우리 인간과 밀접한 미생물들은 주로 우리와 같은 온도를 즐기는 편이다. 처음 발효를 주도할 때 미지근한 온도의 물에 유인균을 풀어주면 발효 속도를 촉진시킬 수 있다.

10) 식재료와 물의 배합

식재료의 특성(원액이나 원재료의 기본적 기능, 효능, 성능)에 따라 식초가 잘 생성되지 않는 경우가 있다. 이를 방지하기 위해 물을 희석하여 그 성질을 조율하는데, 식재료에 따라 사용하는 물의 양이 다르고 알코올 발효 후에 추가하는 가수량도 약간씩 다르다. 일정하게 양을 정하여 발효를 시작하거나 중간에 추가해도 발효는 가능하지만 실패하지 않으려면 적정선을 권한다.

11) 황세란유인균 사용량

1kg당 4~5g을 권하고 있으나 그보다 조금 더 많이 넣으면 발효 시기를 앞당길 수 있다. 제시한 적당량을 넣으면 대부분 6~1년 내에 발효되고, 적게 넣으면 아주 오래 걸리거나 실패할 수 있다. 유인균 양이 많아야 분해력이 빠르고 활성력이 왕성해진다. 식료의 성질이나 기능에 따라서 유인

균을 약간씩 조절할 필요가 있다. 항균작용이 강한 꿀이나, 베리류(블랙초크베리, 아사이베리 외 항균작용이 강한 식재료) 등은 발효할 때 시간이 많이 걸리거나 아예 멈추는 경우도 있으므로 유인균의 양을 많이 넣거나 식료의 양을 줄일 필요가 있다.

12) 술이 되는 기간, 식초가 되는 기간

천연발효식초는 식재료에 따라서 식초가 되는 기간이 다르다. 먼저 술이 되고 난 후에 식초로 익어 가는데, 황세란유인균 발효식초를 만들 때 술이 되는 기간은 대략 21~30일 사이이다. 곡류, 채소류, 과일류들도 각각의 성미에 따라 조금씩 차이는 있지만 대부분 기존 방식보다 빠른 속도로 술이나 식초가 된다. 식초가 완성되는 데는 6~1년 정도 걸리지만 그 뒤에 숙성 방법에 따라서 매우 다양한 맛을 느낄 수 있다.

13) 곡류는 조청, 식물은 원당(설탕)

황세란유인균 발효식초를 만들 때 당류를 사용하는데 원재료의 깨끗한 맛을 원한다면 원당을 첨가하는 것이 좋다. 채소류나 과일류를 발효할 때 조청을 사용하면 곡류 특유의 엿기름맛이 가미되어 식재료 고유의 맛을 해친다. 조청은 주로 곡류를 발효할 때 이용하면 좋다. 음료를 만들 때는 원당(유기농당)이나 올리고당을, 식초를 만들 때는 원당의 사용을 권한다. 하지만 이것도 만드는 사람의 기호에 따라 선택하면 된다.

14) 건더기 분리 망

술이 되고 난 후에 술과 건더기를 분리할 때 망이 필요하다. 너무 촘촘

한 망을 사용하면 시간이 많이 걸리고 너무 넓은 망을 사용하면 찌꺼기가 많이 내려가서 탁한 식초가 된다. 원재료가 빽빽하여 잘 내려가지 않는 경우에는 거름망을 대체할 수 있는 면주머니에 담고 위에 무거운 것을 올려 눌러 두면 된다. 가정에서는 다시팩을 활용하면 매우 용이하다. 처음에는 한 장으로, 다음에는 여러 장을 겹쳐서 두세 번 정도 거르면 깨끗하게 분리된다.

15) 침전물

발효식초의 특징은 처음에는 건더기 없이 깨끗하게 걸러내도 시간이 지나면 균들이 활성화하여 침전물이 발생한다는 것이다. 열탕이나 필터를 이용하여 멸균처리하면 좋지만 유익균까지 사멸되어 섭취하지 못하는 단점이 있다. 식초에 생기는 침전물은 좋은 미생물이 살아 있다는 증거이며 무해하므로 먹어도 이상이 없다.

기본 재료

1. 유인균 발효 식초베이스 미네랄 음료수

재료 / 황세란유인균, 식재료, 원당 외 당류, 천일염, 생수, 발효 유리병(20L, 2.4L 기준)

물을 많이 마시면 좋다. 그러나 맹물을 자주 마시기란 쉽지 않다. 지독하게 아픈 환자는 물 한 모금도 제대로 못 마신다. 넘어가지 않기 때문이다. 물을 마시는 데도 에너지가 소요되므로 건강이 좋지 않으면 그야말로 물이 내키지 않는다. 물을 마시고 싶지 않아도 자신에게 맞는 방법으로 조금씩 양을 늘려서 마시는 습관을 가지면 체내에 쌓인 각종 노폐물을 배출하는 데 지대한 역할을 한다.

인체의 체액은 0.9%의 염도를 유지한다. 눈물의 염도는 인체의 염도와 같다. 실제로 눈물을 맛보면 매우 짜다는 것을 알 수 있다. 세포는 말랑말랑한 인지질로 2중 막을 구성하여 세포 안에 충분한 물을 포함하고 있으며, 서로 부딪쳐도 다치지 않게 많은 양의 물로 둘러싸여 있다. 그 물은 혈액이나 임파액 등과 더불어 체액을 형성하고 있으며, 체액에는 세포를 만드는 재료가 되는 아미노산이나 당, 비타민, 미네랄 등이 함유되어 있다. 아미노산이나 당, 비타민은 대부분이 탄소(C), 수소(H), 산소(O), 질소(N)로 단순한 4종류의 원소의 조합으로 이루어져 있다. 때문에 미네랄이 함유된 물을 수시로 마시면 건강을 유지하는 데 일조할 수 있다.

하지만 천연 암반수가 아닌 일반 생수 속에는 우리가 생각하거나 원하는 양만큼의 건강한 미네랄이 함유되어 있지 않다.

또 식초를 먹으면 식초에 함유된 각종 유기산이 건강에 도움이 되고 혈관 청소는 물론 혈액을 맑고 깨끗하게 해주어 좋다고 하지만 식초를 마냥 들이키는 것도 쉽지 않다.

건강한 미네랄 물과 식초를 함께 먹을 수 있는 방법을 소개한다. 시간적 여유가 없다면 미네랄을 함유한 생수에 식초를 희석하여 마시고, 시간적 여유가 있으면 과일즙을 추출하여 식초를 타 마셔도 좋다.

과일에는 각종 미네랄이 많이 함유되어 있는데, 섭취방법에 따라 미네랄 흡수율에 큰 차이가 난다. 미네랄 음료를 마시는 데 중점을 두고 황세란유인균 발효과일음료수를 만들어서 마시면 일거양득할 수 있다.

유인균발효 과일음료수 90%, 유인균발효 천연식초 10%를 희석하여 마시면 더 건강하게 미네랄 음료를 즐길 수 있다.

2. 유인균 발효 음료수 만들기

재료
- 20L 병 : 파인애플 3kg, 원당 1.5kg, 유인균 40g, 천일염 1Ts, 생수 12L
- 2L 병 : 파인애플 300g, 원당 150g, 유인균 4g, 천일염 1ts, 생수 1.2L

(파인애플은 껍질을 깐 무게)

만들기

1 파인애플 껍질을 깨끗하게 손질하여 준비한다.

2 손질한 파인애플을 생수를 조금씩 부어가며 곱게 갈아준다.

3 생수 500ml를 미지근하게 데워 원당과 천일염을 녹인다.

4 발효 유리병에 **2**의 파인애플, **3**의 생수, 유인균을 넣고 나머지 물을 붓고 저어준다.

5 30~37℃에서 24시간 발효한 후에 냉장고에 넣어두고 마신다.

Tip

- 발효온도 때문에 고민할 필요는 없다. 실온에 좀 더 두면 된다.
- 1~2일이 지난 후 맛을 보았을 때 약간 새콤한 맛이 나면 잘 발효된 것이다.
- 과일류는 제철에 나온 것을 활용해도 좋고 열대과일을 사용해도 맛이 좋다.
- 껍질째 사용하는 과일은 깨끗이 씻어서 유인균발효 활성액에 20~30분 정도 담갔다가 헹궈서 사용하도록 한다.
- 당류는 기준에서 취향에 따라 약간씩 가감해도 좋으며, 당류를 따뜻한 물에 녹여서 골고루 섞어주면 유인균의 활성이 좀 더 빠르게 된다.
- 일정 발효 후 냉장고에 넣어 두면 발효 속도를 늦출 수 있다.
- 발효가 진행되면 탄산가스가 배출되기 때문에 탄산음료처럼 되기도 하고 더 진행되면 신맛이 쓴맛으로 변하면서 약한 알코올로 변해가기도 한다.
- 식초음료는 냉장고에서 꺼내 바로 마시는 것보다 잠시 실온에 두었다가 냉기를 제거한 후에 마시는 것이 더 맛있다.

과일류

1. 사과 발효식초

재료
- 20L 병 : 씨 뺀 사과 12kg, 원당 1.5kg, 유인균 50g, 천일염 1Ts, 생수 1L
- 2L 병 : 씨 뺀 사과 1.2kg, 원당 150g, 유인균 6g, 천일염 1ts, 생수 100ml

만들기

1 사과를 깨끗하게 세척하여 유인균발효 활성액에 20분 정도 담갔다가 잘게 썬다.
★ 사과를 썰 때는 반드시 씨를 제거한다.

2 믹서에 생수 100ml를 붓고 사과를 조금 넣고 갈아주다가 즙이 생기면 모두 넣고 갈아준다.

3 발효 유리병에 **2**에서 만든 사과즙을 붓는다.

4 30~37℃에서 21~30일 정도를 발효하면 사과주가 되는데, 실온에서는 발효가 늦어질 수 있으니 기간을 더 주어 진행한다.

5 맛을 보고 완전히 사과주가 되었다면 건더기와 사과주를 분리한다.

6 분리한 사과주 병의 뚜껑을 식초 발효 덮개로 교체하고 매일 저어주면서 공기를 주입한다.

7 알코올이 증발하여 술이 조금씩 줄어들고 신맛이 나기 시작하면서 식초로 익어간다.

Tip

- 분리한 사과 건더기를 좀 더 숙성시키면 새콤한 맛이 나는데 냉장고에 넣어 두었다가 초고추장 만들 때 사용하거나 샐러드에 가미해서 먹어도 좋다.

사과는 장(腸) 미인을 만든다

효능

사과는 달고 시원하며 비장, 위장, 심장을 좋게 한다. 열을 식혀주고 더위를 풀어주며 피로로 인한 갈증을 멈추게 하고 인체의 진액을 생성시키며 수액이 잘 돌도록 하며 해독작용을 한다. 심장을 보하여 기운을 돌리고 술을 깨도록 도와준다. 위장의 운동을 돕고, 폐를 윤택하게 하며 염증을 없앤다.

해설

당분이 10% 내외이고 유기산은 사과산을 약 0.5% 함유하지만 품종에 따라 함량과 맛이 다양하다. 사과의 펙틴은 잼이나 젤리를 만들 때 주요 역할을 한다. 펙틴은 식이섬유의 일종이라 효과를 충분히 보려면 껍질째 먹어야 한다.

펙틴은 장내 세균에 이용되어 장내균총을 개선하고 유기산을 만들어냄으로써 장을 자극하여 연동운동을 활발하게 해주어 변을 부드럽게 하여 배변을 촉진하여 준다.

사과의 섬유소는 통변작용을 하고 탄닌산과 유기산은 지사작용을 한다. 그러므로 적은 양의 섭취는 배변을 돕고 많은 양을 먹으면 설사를 할 수 있다.

칼륨함량이 높아 육류나 짠 음식을 먹은 후 나트륨을 체외로 배출시키는 작용을 하며 혈압을 낮추는 데 도움을 준다.

포만감을 주어 다이어트에 좋고 혈중 콜레스테롤을 강하시켜 주며, 담즙 분비와 담즙산의 기능을 증가시켜 콜레스테롤이 담즙에 침적되어 결석으로 가는 것을 방지한다.

2. 파인애플 발효식초

재료
- 20L 병 : 파인애플 13kg, 원당 1.8kg, 유인균 50g, 천일염 1Ts, 생수 1L
- 2L 병 : 파인애플 1.3kg, 원당 180g, 유인균 6g, 천일염 1ts, 생수 100ml

만들기

1 믹서에 껍질을 제거한 파인애플을 얇게 썰어 넣고 생수를 약간씩 부어가며 곱게 간다.

2 **1**을 볼에 옮겨 담고 유인균, 원당, 천일염을 넣고 골고루 버무린다.

3 발효 유리병에 **2**를 옮겨 담고 30~37℃ 온도에서 21~30일간 발효하면 건더기와 액이 분리되는데 이때 파인애플주가 되었는지 확인하고 술과 건더기를 분리한다.

4 분리한 파인애플주 병의 뚜껑을 식초 발효 덮개로 교체하고 매일 저어주면서 공기를 주입한다.

5 알코올이 증발하여 술이 조금씩 줄어들고 신맛이 나기 시작하면서 식초로 익어간다.

Tip 1

파인애플 건더기는 좀 더 발효시켜서 신맛이 나면 말려서 분쇄기에 갈아 샐러드를 만들어 먹을 때 함께 먹거나 그냥 먹어도 좋다.

Tip 2

파인애플 소스 만들기

- 파인애플을 얇게 썰어서 1kg당 원당 100g, 유인균 2g, 천일염 1ts을 넣고 발효한다. (30℃ 이상에서는 1~2일 정도. 25℃ 정도에서는 2~3일 정도)
- 발효된 파인애플을 녹즙기에 갈면 액이 나오는데 냉장고에 넣어두고 각종 음식을 만들 때 소스로 사용할 수 있으며, 육류를 잴 때 사용하면 육질이 부드럽고 맛과 향도 좋다.

  ★ 신맛이 점점 더해 가면 그 때 식초로 만들어도 된다.

파인애플은 면역력 강화와 소화의 귀재

효능

파인애플은 달고 시며 성질은 평하며 위장과 신장의 기능을 좋게 한다. 몸의 진액을 생해주고 갈증과 가슴이 답답하고 불안할 때 도움이 되고 육류의 소화와 술을 깨는데 좋다. 변이 묽어서 설사처럼 나올 때, 소화불량, 더위에 몸이 상했을 때, 갈증이 날 때 도움이 된다.

해설

파인애플은 즙이 많고 설탕 10%, 구연산 1%가량이 들어 있으며 상쾌한 맛과 신맛과 단맛이 있다. 비타민 C는 100g 중 60mg이 들어 있다. 열매를 수확한 뒤 2~3일 후숙(後熟)하면 단맛이 강해진다.

파인애플은 과실 중 비타민 C가 가장 많으며 비타민 C는 면역력 강화에 도움이 된다. 면역력이 강화되면 감기나 각종 질병을 예방할 수 있다. 파인애플에 들어 있는 구연산은 식욕을 촉진시키며 블로멜린이라고 하는 단백질 분해 효소가 함유되어 있어 육류의 소화를 돕는다. 고기를 양념할 때 파인애플즙을 넣으면 블로멜린 성분이 고기를 연하게 만들어 준다.

식이섬유가 풍부해 변비 치료 및 예방에 뛰어나며, 비타민 B_1은 신진대사를 원활하도록 도와줘 피로회복에 뛰어난 효능을 볼 수 있다.

파인애플에 풍부하게 들어 있는 칼륨은 우리 몸에 있는 유해한 나트륨을 배출시켜 주기 때문에 고혈압이나 동맥경화, 심혈관질환 등의 각종 혈관계질환을 예방하는 데 효능을 볼 수 있다.

3. 귤(밀감) 발효식초

재료
- 20L 병 : 귤 12kg, 원당 3kg, 유인균 60g, 천일염 1Ts, 생수 3L
- 2L 병 : 귤 1.2kg, 원당 300g, 유인균 6g, 천일염 1ts, 생수 300ml

만들기

1 귤을 깨끗이 씻어 유인균 활성액에 20분 정도 담갔다가 헹군다.

2 **1**의 귤을 껍질째 갈기 좋게 썬다.

3 믹서에 썰어 놓은 귤을 넣고 생수를 부어가며 갈아준 다음 원당과 천일염도 함께 넣어 갈도록 한다.

4 **3**을 발효 유리병에 붓고 유인균을 넣어 잘 퍼지도록 저어준다.

5 30~37℃에 두고 21~45일 사이에 완전히 귤주로 익으면 아래위로 저어서 2~3일 정도 귤의 성분을 더 추출한 후 건더기와 액을 분리한다.

★ 술이 되었는지 꼭 확인한다. 발효실이 없거나 발효탄소매트가 없을 때 발효 상태는 술맛을 보고 확인한다.

6 분리한 귤주 병의 뚜껑을 식초 발효 덮개로 교체하고 매일 저어주면서 공기를 주입한다.

7 알코올이 증발하여 술이 조금씩 줄어들고 신맛이 나기 시작하면서 식초로 익어간다.

Tip

- 분리한 귤 건더기는 좀 더 발효시켜 신맛이 많이 나면 새콤한 샐러드를 만들 때 활용하거나 귤주스를 마실 때 섞어서 마셔도 좋다.
- 많은 양을 담았을 때는 발효된 귤주는 식초로 익히고 건더기는 걸러서 생수와 원당, 황세란유인균을 추가로 넣어서 발효를 계속하면 약한 식초를 거둘 수 있다.

4. 귤껍질 발효식초

재료
- 20L 병 : 생귤껍질 3kg, 원당 4.2kg, 유인균 70g, 천일염 1.2Ts, 생수 12L
- 2L 병 : 생귤껍질 300g, 원당 420g, 유인균 8g, 천일염 1ts, 생수 1.2L

만들기

1 믹서에 깨끗이 씻은 귤껍질을 넣고 생수를 부어가며 아주 곱게 갈아준다.

2 발효 유리병에 **1**을 넣고 유인균, 원당, 천일염을 넣고 저어준다.

3 30~37℃에서 30~45일 정도 지나 귤껍질주(酒)가 되면 건더기와 분리한다.

4 분리한 귤껍질주 병의 뚜껑을 식초 발효 덮개로 교체하고 매일 저어주면서 공기를 주입한다.

5 알코올이 증발하여 술이 조금씩 줄어들고 신맛이 나기 시작하면서 식초로 익어 간다.

Tip

- 껍질 발효는 항균 작용이 강해 시간이 많이 걸리므로 여유를 가지고 한다.
- 귤껍질을 깨끗하게 씻어서 유인균과 원당을 약간씩 넣고 하루 정도 발효시킨 후 졸깃하게 말려서 유인균발효 참요거트에 섞어 먹거나 샐러드 등에 활용할 수 있다.
- 귤식초가 완전히 숙성되기 전에 압착력이 강한 병에 담아두었다가, 뚜껑을 열게 되면 빠져나가지 못한 탄산으로 인해 거품과 원액이 함께 넘치므로 조심해야 한다.

귤은 위장 건강과 모세혈관 튼튼 도우미

효능

귤은 달고 시며 껍질은 따뜻하고 과육은 시원하다. 폐와 위를 좋게 하며 위장의 활동과 기운을 도와준다. 갈증을 줄이고 폐를 윤택하게 하며 습열에 의해 생긴 가래를 삭인다.

해수와 가래, 가슴이 답답한 것, 갈증, 딸꾹질, 매스꺼움과 구토를 치유한다.

해설

말린 귤정과는 위장을 편안하게 하고 기를 아래로 내려주며 기침가래를 삭여주는 효능이 있다. 귤피로 죽을 끓여 먹으면 위장 건강에 좋고, 담을 삭이고 기침을 멈추게 한다. 신선한 귤피와 대추를 함께 식전에 우려 마시면 위장을 건강하게 하고 소화에 도움이 되는 효능을 볼 수 있다. 수산을 함유하고 있으며, 비타민 C와 E, 특히 비타민 P를 함유하고 있어 모세혈관을 튼튼하게 한다.

귤피는 성질이 따뜻하고 매운맛을 가지고 있으며, 이기, 건위, 거담진해 등의 작용이 있어서 소화기계 병증과 가래, 담, 호흡기 질환에 널리 활용하고 식이섬유로 장을 건강하게 하고 펙틴으로 중금속이나 독성물질 흡착에 도움을 준다.

귤껍질은 오래될수록 좋은데 이름을 진피, 또는 홍피라고 한다. 귤홍(귤피 안쪽의 흰 부분을 긁어 버린 껍질)은 건조한 성질이 있어서 가래를 삭이는 데 좋으며 주로 후양해수기침으로 인한 목 안의 상처 등에 도움이 되고 귤백(껍질 안쪽의 흰부분)은 담을 삭이고 몸의 기를 돌려 위장을 편하게 하며 담(가래)이 정체되어 기침이 나는 것이나 가슴이 답답하고 통증이 있을 때 사용한다. 귤 한 개당 열량은 40~50kcal로 5개는 밥 한 그릇의 열량을 가지고 있다.

DIAMETRO 86 mm
MODEL

5. 바나나 발효식초

재료
- 20L 병 : 껍질 벗긴 바나나 12kg, 원당 1.2kg, 유인균 50g, 천일염 2Ts, 생수 500ml
- 2L 병 : 껍질 벗긴 바나나 1.2kg, 원당 120g, 유인균 6g, 천일염 2ts, 생수 약간

만들기

1 바나나는 껍질을 벗겨서 아주 얇게 저민다.
2 볼에 얇게 저민 바나나를 담고 원당과 천일염을 넣은 후 으깨듯이 버무린다.
3 **2**에 생수 약간과 유인균을 넣고 골고루 섞이도록 한 번 더 버무린다.
4 발효 유리병에 바나나를 담고 30~37℃에서 21~30일간 발효하면 바나나액이 빠져나오면서 술이 된다.
5 완전히 바나나술이 되었는지 확인하고 술과 건더기를 분리한다.
6 바나나 건더기를 면보자기에 넣어 망에 걸치고 위에 무거운 것을 올려둔다.
7 분리한 바나나주 병의 뚜껑을 식초 발효 덮개로 교체하고 매일 저어주면서 공기를 주입한다.
8 알코올이 증발하여 술이 조금씩 줄어들고 신맛이 나기 시작하면서 식초로 익어간다.

Tip

- 바나나는 껍질에 검은 반점이 있는 것이 당도가 높은데, 이럴 때는 당을 줄여도 된다.
- 바나나를 1~2일 정도 발효하여 건더기를 유인균발효 참요거트에 섞어서 먹으면 장의 운동을 도와 변비에 아주 좋다. 건더기는 발효잼으로 먹고 발효액은 소스로 사용할 수 있다.
- 바나나 식초 원액은 농도가 아주 짙고 향이 좋아 다른 식초와 섞어 마셔도 좋다.

재료 상식 더하기

바나나는 장을 매끄럽게 하고 마음을 부드럽게 풀어줘요

효능

바나나는 달고 시원하며 폐와 위경으로 귀경한다. 열을 식혀주고 폐를 윤택하게 하며 장 운동을 돕고 해독작용을 한다. 가슴이 답답한 것을 풀어주고 폐에 열이 생겨 발생한 마른기침에 좋으며, 대변이 딱딱한 것을 풀어주어 배변에 도움이 되고, 치질로 인한 출혈을 예방한다.

해설

열대과일이라서 몸에 열이 많은 사람에게 잘 맞다. 대장의 열로 인해 변비가 있는 사람에게도 매우 좋은 식품이다. 식이섬유와 펙틴이 많아서 단단한 변을 무르게 해 주고 콜레스테롤과 지방 감소에 효과가 있다. 그러나 당과 칼로리가 높아 너무 많이 먹으면 살이 찐다. 하루에 3개 정도 섭취하면 칼륨으로 인해 뇌졸중 위험을 24%나 낮출 수 있다는 연구결과가 있다.

혈압조절, 부종과 해열, 피부미용(최고의 마사지=바나나+꿀+유인균)과 면역력 강화, 암 예방(종양 제거 유전자와 박테리아에 대항하는 백혈구 숫자가 지속적으로 증가), 성호르몬에 절대적인 영향을 주어 정력 증진에 탁월하며, 원기회복에도 좋다.

응용

바나나의 멜라토닌 성분은 마음을 편안하고 기분 좋게 하여 심적 고통을 경감시켜주기 때문에 우울증에 좋다. 바나나를 굵게 썰어 유인균으로 12~24시간 발효하여 말린 후 가루 내어 매일 아침저녁으로 30g 정도 물에 타서 1~3주 정도 마시면 치질로 인한 출혈에 효과가 있다.

바나나 유인균 발효액과 끓이지 않은 유인균 발효잼을 매일 한두 차례 수일간 먹으면 오래된 해수와 변비에 효과가 있다.

6. 배 발효식초

재료
- 20L 병 : 배 15kg, 원당 2.1kg, 유인균 50g, 천일염 1Ts, 생수 1L
- 2L 병 : 배 1.5kg, 원당 210g, 유인균 6g, 천일염 1ts, 생수 약간

만들기

1 배를 깨끗하게 씻어서 유인균 활성액에 20분 정도 담갔다가 헹군다.

2 배는 씨를 빼고 믹서에 갈기 좋도록 썰어서 물을 약간 넣어가며 아주 곱게 갈아준다.

3 발효 유리병에 **2**를 담고 원당, 유인균, 천일염을 넣은 후 골고루 저어준다.

4 30~37℃에서 21~30일 정도 배주가 될 때까지 발효시킨 후 술과 건더기를 분리한다.

5 분리한 배주 병의 뚜껑을 식초 발효 덮개로 교체하고 매일 저어주면서 공기를 주입한다.

6 알코올이 증발하여 술이 조금씩 줄어들고 신맛이 나기 시작하면서 식초로 익어간다.

Tip

배는 유기산 함량이 낮아 신맛이 없어 발효가 늦다. 하지만 일단 식초로 발효되면 신맛이 매우 강하게 나타나는 것이 특징이다.

배는 나트륨을 배출시켜요

효능

배는 달고 시원하며 폐와 위장을 좋게 하고 진액 생성에 도움을 주며 열을 식히고 가래와 담을 삭인다. 몸의 수액 부족으로 가슴이 답답한 것을 풀어주고 갈증을 해소하며 목이 건조하여 나오는 기침에 좋고 음식을 목구멍으로 잘 넘기기 못할 때 도움을 준다. 목소리가 잘 나오지 않거나 눈이 붉거나 통증, 변비, 폐열, 기침가래가 많을 때 좋다.

해설

배에는 당분과 식이섬유, 칼륨, 아스파라긴산이 풍부하다. 혈압 조절을 돕는 미네랄인 칼륨이 100g당 171mg이나 들어 있어 체내에 쌓인 여분의 나트륨을 몸 밖으로 배출하는 데 도움을 준다. 석세포가 들어 있어 씹을 때 과즙이 많고 칼륨, 식이섬유, 솔비톨, 폴리페놀 등의 성분을 함유하고 있어 당뇨병의 예방효과, 변비, 콜레스테롤 상승을 억제하며, 비만과 변통을 좋게 하기 때문에 대장암 예방에도 도움을 준다. 또한 연육효소작용으로 단백질 분해에 뛰어나고, 탁월한 해독작용과 지방분해작용이 있어 식이요법에 도움을 준다.

최근에는 배를 먹으면 체내 발암물질을 배출하는 효과가 아주 크다는 발표가 있었는데, 특히 흡연이나 매연, 태운 음식(구운 고기, 치킨, 튀김) 등에서 유래된 발암물질인 PAHs를 체내에서 신속하게 배출시킨다는 연구보고로 의학계에서도 주목하고 있다.

7. 복분자 발효식초

재료
- 20L 병 : 복분자 13kg, 원당 3.2kg, 유인균 60g, 천일염 1Ts, 생수 2L
- 2L 병 : 복분자 1.3kg, 원당 320g, 유인균 6g, 천일염 1ts, 생수 200ml

만들기

1. 복분자를 깨끗하게 손질하여 볼에 담고 손으로 알이 다 깨어지도록 으깬다.
2. **1**에 생수와 원당, 천일염을 섞어서 다시 한 번 더 으깨어 준다.
3. 발효 유리병에 **2**를 담고 유인균을 넣은 후 잘 저어준다.
4. 30~37℃에서 21~30일을 발효하면 복분자주가 완성된다.(이때는 당도가 줄어든다.)
5. **4**의 복분자주가 잘 되었는지 꼭 확인한 후 건더기와 액을 분리한다.
6. 분리한 복분자주 병의 뚜껑을 식초 발효 덮개로 교체하고 매일 저어주면서 공기를 주입한다.
7. 알코올이 증발하여 술이 조금씩 줄어들고 신맛이 나기 시작하면서 식초로 익어간다.

Tip

복분자주를 분리한 건더기는 좀 더 발효하여 신맛이 날 때 냉장고에 두고 드레싱이나 반찬류를 만들 때 응용해도 좋다.

복분자는 신장을 보해주는 명약, 목체질, 수체질의 보약

효능

복분자의 성미는 따뜻하고, 맛은 달고 시다. 신장과 방광을 좋게 하고, 몸을 보하여 이로움이 많고 성질이 따뜻하지만 조열하지 않으므로 신장의 양기를 보하면서도 음을 상하게 하지 않고, 탈진된 상태를 회복시키고 내려가지 아니하고 걸리거나 막히지 않는다.

신장이 허약하여 생기는 하초불금의 증상, 잦은 소변, 발기부전, 조루, 평소에 정액이 저절로 흘러나오는 것, 관계없이 무의식중에 정액이 나오는 것, 몽정(夢精), 의식하지 않는 상태에서 소변이 저절로 나올 때나 양기가 부족할 때 쓰인다.

해설

눈을 밝게 하고 몸을 경쾌하게 하고 머리털을 희어지지 않게 하며 소변을 고르게 하는 동시에 살결을 부드럽고 아름답게 한다. 복분자의 주성분은 유기산으로 주석산, 구연산 등을 함유하고 정유, 당분, 회분, 비타민 A와 B, 그리고 비타민 C도 포함되어 있다.

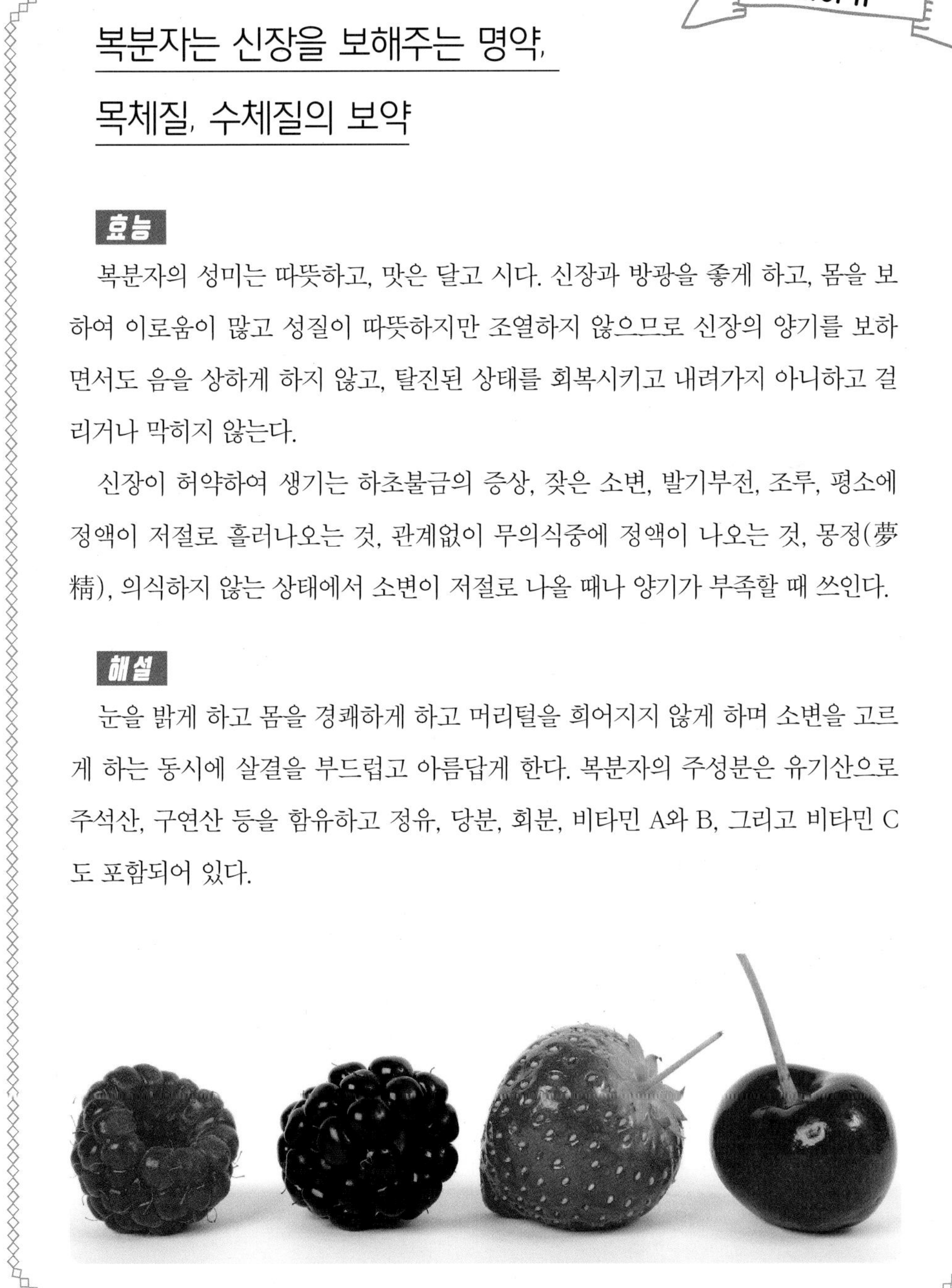

8. 포도 발효식초

재료
- 20L 병 : 포도 13kg, 원당 1.3kg, 유인균 50g, 천일염 1Ts, 생수 500ml
- 2L 병 : 포도 1.5kg, 원당 150g, 유인균 6g, 천일염 1ts, 생수 약간

만들기

1 포도를 씻어 유인균 활성액에 20분 정도 담았다가 물기를 털고 포도알을 뗀다.

2 포도를 볼에 담고 손으로 껍질을 터트려 포도즙이 많이 빠져 나오도록 한다.
★ 포도를 많이 으깰수록 포도즙도 많이 나오고 유인균을 활성화시킬 수 있다.

3 **2**의 으깬 포도를 볼에 담고 유인균과 원당, 천일염을 넣은 후 고루 버무린다.
★ 많이 버무릴수록 유인균의 분포도가 좋고 포도알의 수분을 많이 뺄 수 있다.

4 잘 버무린 포도를 발효 유리병에 담고 30~37℃에서 21~30일을 발효하면 포도주가 된다. 26℃ 이하의 온도에서 발효할 경우에는 숙성이 더디니, 이럴 때는 45~60일 정도 지난 후에 맛을 보고 포도주가 되었는지 확인한다.
★ 주위의 여건에 따라 더 늦어질 수도 있다.

5 일정 기간이 지난 후 맛을 보고 포도주가 되면 건더기와 액을 분리한다.

6 분리한 포도주 병의 뚜껑을 식초 발효 덮개로 교체하고 매일 저어주면서 공기를 주입한다.

7 알코올이 증발하여 술이 조금씩 줄어들고 신맛이 나기 시작하면서 식초로 익어간다.

Tip

- 포도를 으깬 그릇에 묻은 유인균과 포도즙을 생수로 헹궈서 발효병에 붓는다.
- 포도주를 떠내고 남은 포도 건더기를 너무 많이 짜지 말고, 맑게 거른 유인균발효밥식초를 붓고 유인균을 추가로 넣어서 재탕 포도 발효식초로 진행시켜도 좋다.

포도는 젊음의 묘약

효능

포도의 성미는 달고 시고 평하다. 폐와 비장과 신장을 좋게 하며 기를 도우며 혈을 보해준다. 근육을 부드럽게 풀어주고 소변을 잘 돌게 하며 태아가 잘 자라도록 도와준다. 가슴이 답답함과 갈증을 풀어주며, 혈기 부족, 폐가 허해서 생기는 기침, 심장이 두근거리고 밤에 땀을 흘릴 때, 저리고 통증이 있을 때, 소변이 잦고 통증이 있을 때와 부종을 빼는 데 도움을 준다.

해설

포도의 주요 성분은 포도당, 과당으로 10~18.3% 정도 함유하고 있다. 유기산의 총량은 0.41~0.95%로 주석산, 사과산이 주이고 미량의 구연산을 포함한다. 0.17~0.27% 함유된 탄닌 때문에 약간 떫은맛이 난다.

건포도는 섭취하면 인체 내 당과 철분 함량을 증가시켜 신체허약, 빈혈의 자양식품으로 알맞다. 비위허약과 숨이 차고 기운이 없을 때, 식욕부진 증상을 개선한다.

포도는 폴리페놀 중 카테콜, 갈로카테콜, 라스베라톨 등을 함유, 혈중 콜레스테롤 저하와 항암작용이 있고 매일 자기 전 10ml를 마시면 위가 튼튼해지고 육체가 건강해지며 피가 잘 돌아 정신이 안정된다.

〈신농본초경〉에 "근골의 습기로 인하여 혈액순환이 잘 안 되어서 저리고 아픈 증상을 다스리고, 배고픔과 찬바람으로 생긴 감기를 잘 견디게 하고, 장기간 먹으면 몸이 가벼워지며 늙지 않고 장수한다."고 기록되어 있다.

9. 홍시 발효식초

재료 • 20L 병 : 홍시 10kg, 원당 1kg, 유인균 40g, 천일염 1Ts, 생수 약간
• 2L 병 : 홍시 1kg, 원당 100g, 유인균 5g, 천일염 1ts, 생수 약간

만들기

1 잘 익은 홍시를 깨끗이 씻거나 닦은 후 꼭지를 제거한다.

2 1의 홍시를 볼에 담아서 손으로 많이 으깨어 준다.

3 으깬 홍시에 유인균, 원당, 천일염을 넣고 잘 섞은 후 발효 유리병에 담는다.

4 30~37℃에서 2~5일 사이에 건더기가 위로 떠오르면서 몹시 부풀어 오른다.

★ 병목까지 차오르면 이산화탄소가 빠지도록 뚜껑을 열어주고 넘치지 않도록 살살 눌러서 가라앉힌 후 뚜껑을 닫는다.

5 가라앉은 상태에서 45~60일이 지나면 달콤한 홍시식초가 된다.

★ 홍시는 점성 때문에 잘 걸러지지 않아서 시간이 많이 걸리는데, 뭉쳐진 건더기를 눌러가면서 식초를 뜨고 나머지 건더기는 면보자기에 넣고 망에 걸쳐두고 무거운 것을 눌러두면 액이 서서히 빠져 나온다.

Tip

• 홍시가 되지 않은 감은 항아리나 밀폐용기에 차곡하게 담아 따뜻한 곳에 두어 홍시로 만든다.
• 홍시는 중간에 가수하지 않아도 식초로 잘 발효된다. 건더기는 먹다 남은 밥이나 쌀로 유인균 청주를 만들어 부어 재탕 식초로 만들어도 좋다.
• 단감도 좋지만 홍시로 담으면 시간도 절약되고 아주 맛있는 홍시식초가 만들어진다.

감은 피로회복의 으뜸

효능

감은 달고 떫으며 시원한 성미를 가지고 있으며. 심장, 폐, 대장을 좋게 한다.

폐열로 인한 기침, 기침으로 피를 토할 때, 열로 인한 갈증, 입안의 종기, 열에 의한 설사, 변에 피가 섞여 나올 때, 치질 등에 좋다.

해설

감은 지방이 몸속에서 합성되는 것을 억제하고 체내의 과다한 지방을 분해하는 작용을 함으로써 다이어트에 도움이 된다. 비타민 A, C가 풍부하게 들어 있어 바이러스에 대한 저항력을 높여주어 감기예방에 좋으며, 떫은맛을 내는 탄닌 성분은 장의 점막을 수축시켜 설사를 멎게 할 뿐 아니라 모세혈관을 튼튼히 하여 동맥경화, 고혈압에 도움을 주고 알코올의 산화와 분해를 돕는 성분인 과당과 비타민 C 모두 풍부하게 들어 있어 숙취 해소에 좋고 멀미에 좋다.

곶감은 장과 비위를 보하여 음식의 소화를 돕고 얼굴의 기미를 없애는 효능이 있으며, 떫은 감을 타박상, 화상, 동상부위에 바르면 치유 효능이 있고, 숙성시킨 감식초를 먹으면 피로회복, 체질개선에 도움을 준다.

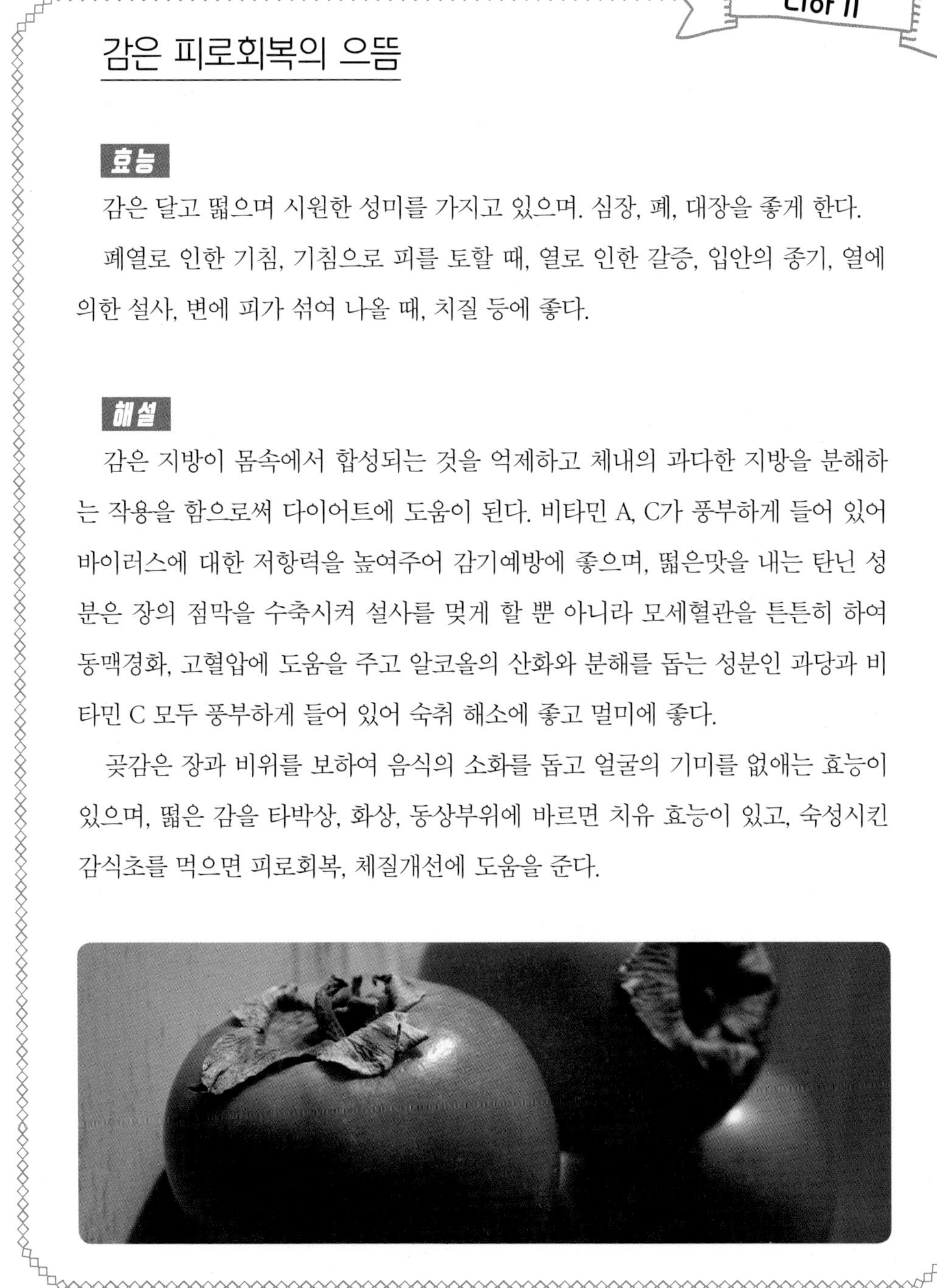

10. 석류 발효식초

재료
- 20L 병 : 껍질 깐 석류알 12kg, 원당 2kg, 유인균 60g, 천일염 1Ts, 생수 1L
- 2L 병 : 껍질 깐 석류알 1.2kg, 원당 200g, 유인균 7g, 천일염 1ts, 생수 100ml

만들기

1 석류를 깨끗이 씻어 유인균 활성액에 20분 정도 담갔다 헹궈낸 후 껍질과 석류알을 분리한다.

2 분리한 석류껍질(20L용 : 2kg / 2L용 : 200g 정도)을 아주 곱게 채를 썬다.

3 석류알을 믹서에 담고 생수를 넣어가며 곱게 갈아준다.

4 채 썬 석류껍질에 원당과 천일염을 넣고 잘 스며들 수 있도록 많이 버무린다.

5 발효 유리병에 **3**에서 곱게 간 석류알과 **4**에서 버무린 석류껍질, 나머지 생수와 유인균을 넣고 저어준다.

6 30~37℃에 두고 21~30일 사이에 완전히 석류주로 익으면 아래위로 저어서 2~3일 정도 석류의 성분을 더 추출한 후 건더기를 분리한다.

★ 술이 되었는지 꼭 확인한다.

7 분리한 석류주 병의 뚜껑을 식초 발효 덮개로 교체하고 매일 저어주면서 공기를 주입한다.

★ 변화된 당도와 알코올 도수에 따라서 식초로 익는 기간이 약간씩 다르다.

8 알코올이 증발하여 술이 조금씩 줄어들고 신맛이 나기 시작하면서 식초로 익어간다.

Tip

- 분리한 석류 건더기는 원당을 조금 넣고 뭉쳐 말려서 간식으로 먹는다.
- 석류는 즙으로 짜서 먹으면 맛이 좋으나 술이나 식초로 만들었을 때는 맛이 기대에 미치지 못하는 경우가 많다. 껍질의 영양소를 추출하기 위하여 껍질까지 함께 넣어서 발효하기 때문이다. 더 맛있게 먹고 싶다면 다른 식초와 희석하여 마시거나 꿀이나 올리고당을 넣어 달콤하게 만들어 마셔도 좋다.

석류는 여인의 과일, 그러나 남자에게도 좋아요

효능

석류는 달고 시고 떫고 따뜻하며, 비장과 폐, 대장을 좋게 한다. 인체 내 진액을 생성하고 기침을 그치게 하며, 살충 효과가 있다. 과로로 인해 폐가 나빠져서 기침이 나올 때, 목이 건조하거나 목이 마를 때, 오래된 설사, 목소리가 잘 나오지 않거나 목구멍에서 우는 소리가 날 때, 입안과 혀에 종기가 생길 때, 목구멍에 염증이 생길 때 도움이 된다.

해설

주요 성분으로 당질(포도당 · 과당)이 약 40%를 차지하고 유기산으로 구연산이 약 1.5% 들어 있다. 껍질에는 탄닌, 종자에는 천연식물성 에스트로겐이 함유되어 있다. 석류 껍질과 씨에 들어 있는 '탄닌'과 '펙틴질' 성분은 에너지 대사를 도와 피로를 풀어주고, 동맥경화를 예방해주며, 두피의 혈액순환을 개선해 탈모 예방에 도움을 준다.

또 석류의 폴리페놀, 안토시아닌, 탄닌의 항산화 성분이 염증을 없애거나 암을 예방하는 데 도움이 된다. 비타민 A부터 E까지 풍부하게 들어 있어 감기예방에 좋으며 열량이 100g당 67cal 정도로 낮고 지방 함유량이 낮아 다이어트에도 도움이 된다. 또한 나쁜 콜레스테롤(LDL)은 낮춰주고 콜레스테롤(HDL)은 높여준다.

석류의 뿌리, 껍질은 이질균, 결핵균 등 항바이러스 작용을 하며, 그중 껍질은 맛이 시고 떫으며 성질이 따뜻하고 수렴작용이 강하여 잦은 설사, 하혈, 탈항, 붕루, 대하 등을 다스린다.

☆ 오랜 설사에는 석류 껍질을 발효하여 분말로 만든 것을 꿀과 함께 차로 마시면 좋다.

석류는 수류탄를 닮았어요

석류는 중국 한나라 때 효무제의 사신으로 갔던 장건이라는 사람이 선물로 와 우리나라에 전해졌다. 꽃은 붉고, 열매는 9~10월에 붉고 노랗게 익는다.

석류의 원산지인 페르시아를 중국말로는 안석국이라고 불렀다.

처음 석류를 본 사람들이 그 울퉁불퉁한 모양이 마치 혹과 같다고 해서 혹유(瘤)라고 했고 안석국에서 왔다고 하여 안석류라고 부르다가 후에 석류가 되었다고 한다.

석류는 그 생김새 때문에 다른 사물의 유래가 되기도 했는데, 폭탄으로 잘 알려진 수류탄은 한자로 손 수(手), 석류 류(榴), 탄알 탄(彈)이다.

풀이하면 손으로 던지는 '석류 폭탄'의 의미다.

수류탄이 본격적으로 전쟁에서 쓰인 시기는 17세기 초반인데, 프랑스 척탄병은 새로운 폭탄이 석류와 닮았다고 생각했던지 '석류'라고 불렀다.

수류탄은 영어로 그리네이드(grenade)다. 터질 때 탄알 파편이 사방으로 퍼지는 유탄을 모두 그리네이드라고 부른다.

이 모두 어원이 역시 석류를 뜻하는 pomegranate에서 비롯되었다.

특이하게도 동서양과 중동을 비롯한 대부분의 나라에서 수류탄을 지칭하는 데 '석류'라는 과일 이름을 사용한다.

마치 석류를 수류탄처럼 던졌다고 상상해보니 그 붉은 알갱이와 껍질의 파편은 과히 수류탄과 닮았다.

석류 세 알의 비밀

페르세포네는 그리스 신화에 나오는 저승의 여신으로 제우스와 데메테르의 딸이다.

들판에서 님프들과 꽃을 따던 중 명계의 왕 하데스에게 납치되어 명부로 끌려가 강제로 명계의 여왕이 되었다. 데메테르는 딸을 찾아 헤매고 다녔으며, 딸을 잃은 슬픔에 잠겨 동굴 속으로 들어가 일손을 놓아 버리자 곡물들이 시들어가고 세상은 폐허처럼 변하기 시작했다. 태양신 헬리오스에게서 페르세포네가 하데스에게 끌려갔다는 사실을 듣자, 제우스에게 항의하여 하데스가 딸을 돌려보내게 해 줄 것을 요구한다.

제우스의 명을 받고 찾아온 헤르메스가 하데스에게 페르세포네를 데메테르에게 돌려줄 것을 요구하자 하데스는 페르세포네를 지상에 올려 보내기 전에 석류의 씨 세 알 먹였다. 페르세포네가 지하 세계의 음식을 먹어서 자신의 곁으로 돌아올 수 없다는 사실을 알게 된 데메테르는 너무 분해서 대지를 꽁꽁 얼려 버렸다.

그러자 제우스는 헤르메스를 다시 지하 세계로 보내어 일 년의 삼분의 일 동안만 지하 세계에서 보내게 하고 나머지 기간은 땅 위에서 보낼 수 있도록 하였다. 그 결과 지하세계의 음식을 먹은 대가로 페르세포네는 지상으로 완전히 돌아가지 못하고 지상과 지하를 오가야만 하는 처지에 놓였다.

그리하여 페르세포네는 한 해의 1/3은 명(冥)계의 여왕으로서 하데스와 함께 명계를 지배하고, 2/3는 지상에서 어머니 데메테르와 지내게 되었다.

11. 유자 발효식초

재료
- 20L 병 : 유자 5kg, 원당 3.2kg, 유인균 50g, 천일염 1Ts, 생수 10L
- 2L 병 : 유자 500g, 원당 320g, 유인균 6g, 천일염 1ts, 생수 1L

만들기

1 유자를 깨끗이 씻어 유인균 활성액에 20분 정도 담갔다가 헹군다.

2 유자를 껍질째 아주 곱게 채 썰어서 다진다.

3 **2**의 잘게 썬 유자를 볼에 담고 유인균과 원당, 천일염을 넣은 다음 유인균이 유자 속으로 잘 스며들도록 많이 버무린다.

4 **3**의 버무린 유자를 발효 유리병에 담고 생수를 부어가며 골고루 저어준다.

5 30~37℃의 따뜻한 곳에 두고 30~45일 사이에 완전히 유자주로 익으면 아래위로 저어서 2~3일 정도 유자의 성분을 더 추출한 후 건더기를 분리한다.

★ 술이 되었는지 꼭 확인한다.

6 분리한 유자주 병의 뚜껑을 식초 발효 덮개로 교체하고 매일 저어주면서 공기를 주입한다.

★ 변화된 당도와 알코올 도수에 따라서 식초로 익는 기간이 약간씩 다르다.

7 알코올이 증발하여 술이 조금씩 줄어들고 신맛이 나기 시작하면서 식초로 익어간다.

Tip

분리한 유자 건더기는 좀 더 발효시켜 알코올 기운을 제거한 뒤 새콤한 샐러드를 만들 때 활용하거나 유자 발효청으로 음료를 마실 때 섞어서 마셔도 좋다.

* 유자청 만들기

재료 유자 1kg, 원당 500g, 꿀 100g, 유인균 4g 천일염 1ts

만들기

1 깨끗이 씻어 유인균 활성액에 담근 유자를 헹궈서 아주 가늘게 채 썬다.
2 **1**의 채 썬 유자를 볼에 담고 유인균 2g과 원당 300g, 꿀, 천일염을 넣은 후 잘 버무린다.
3 **2**의 버무린 유자를 발효 유리병에 담고, 나머지 원당과 유인균 2g을 섞어서 위에 덮는다.
4 원당이 녹으면서 유자즙이 어느 정도 빠져나오면 전체를 섞어서 3일 정도 실온에서 발효한 후 냉장고에 넣어두고 먹는다.

Tip

분리유자청은 건더기까지 먹어야 균의 도움을 받을 수 있다.

유자는 겨울에 사랑받는 천연 감기예방 과일

효능

유자는 시고 시원한 성미를 가지고 있으며, 폐와 위장을 좋게 한다. 기가 위로 오르는 것을 내려주고 종기를 완화시키며, 술을 해독하고, 물고기의 독을 풀어준다. 속이 메슥거리고 구토가 나오거나 가슴이 답답할 때, 배가 찌르듯 아플 때, 술을 마신 후 입에서 냄새가 날 때 도움이 된다.

유자껍질은 쓰고 매우며 따뜻하다. 가슴을 편안하게 하여 기분을 상쾌하게 한다. 기를 내려 담을 삭이고 소화작용을 도와서 위를 조화롭게 한다. 술을 깨우고 물고기의 독을 풀어준다. 가슴이 답답할 때, 기침 · 가래가 많을 때, 음식을 잘 먹지 못할 때나 속이 메스껍고 구역질이 날 때 등에 좋다.

해설

근심이 너무 과함으로 인하여서 담즙 배설이 안 되어 소화장애를 일으키며 옆구리가 결리고 아플 때에 쓰이고 기가 체했을 때 적합하다. 유방에 통증이 올 때나 목 안에 꼭 매실(梅實)이 걸린 것 같은 이물감이 있고 가래가 찬 듯 답답함을 느껴서 뱉거나 삼키려 해도 없어지지 않기 때문에 무척 답답하고 고통스러울 때 좋다. 편두통, 생리통증에 계속 먹으면 좋고 인후염, 기관지염, 배가 아플 때, 옆구리 통증, 산모가 젖이 잘 안 나올 때 등에 응용한다.

비타민 C, 비타민 P, 유기산이 풍부하여 신진대사를 조절하고 플라보노이드류 중 플라바논계 색소로 인해 모세혈관을 튼튼하게 하여 출혈을 방지한다. 콜레스테롤 흡수를 억제하고 위장창만을 완화하며 기운이 나게 하면서 소화를 돕는 작용을 한다.

향기가 좋아 기름을 짜서 조미용 정유로 활용한다. 당이 7~11%, 산이 0.7~1.2% 들어 있어 상쾌한 맛이 나고 비타민 C가 100g 중에 40~60mg이 들어 있으며 섬유질, 비타민 A도 풍부해서 감기예방, 피로회복, 피부미용에 좋다.

채소류

1. 양파 발효식초

재료
- 20L 병 : 양파 13kg, 원당 2.6kg, 유인균 50g, 천일염 2Ts, 생수 약간
- 2L 병 : 양파 1.3kg, 원당 260g, 유인균 6g, 천일염 2ts, 생수 약간

만들기

1. 양파는 껍질을 벗기고 깨끗이 씻어 유인균 활성액에 20분 정도 담갔다가 헹군다.
2. 양파를 아주 가늘게 채 썰어 볼에 담고 원당과 유인균, 천일염을 넣고 짜듯이 버무린다.
3. 버무린 양파를 발효 유리병에 꾹꾹 눌러 담고 생수를 약간만 부어 준다.
4. 30~37℃에 두고 30~45일을 기다리면 양파즙이 충분히 우러나와 와인이 된다.
5. 양파가 완전히 술이 되어 충분히 우러나온 양파와인을 휘저어 2일 정도 더 두었다가 와인과 건더기를 분리하여 꼭 짜낸다.
6. 분리한 양파와인 병의 뚜껑을 식초 발효 덮개로 교체하고 매일 저어주면서 공기를 주입한다.
7. 알코올이 증발하여 술이 조금씩 줄어들고 신맛이 나기 시작하면서 식초로 익어간다.

Tip

- 양파는 식초로 가기까지 시간이 많이 소요되는 편이다. 양파즙을 내어 식초를 담으면 수고스러움이 줄지만 녹즙기가 없어 매운 향으로 인해 즙을 내기 어려울 때는 위와 같은 방법으로 한다. 양파가 단맛을 내는 시기에 양파식초를 많이 담아두면 계속 두고 먹을 수 있다.
- 양파는 굳이 식초로 만들기보다는 양파가 와인으로 진행되기 전에 달콤한 맛이 날 때 물과 희석하여 마셔도 좋으며, 또 양파발효액과 포도식초를 섞어서 먹어도 혈액 건강에 도움이 된다.

양파는 혈액 정화의 소중한 보물

효능

양파는 성미가 맵고, 달고 따뜻하며 폐로 귀경한다. 위 건강과 소화를 도우며, 기를 돌리고 가래를 삭인다. 한기를 몰아내고 이뇨 · 살균 · 해독 · 살충작용을 하고 혈중지방을 제거한다. 소화성 통증, 궤양, 감기예방, 고지혈증, 관상동맥질환, 동맥경화, 트리코나모스 질염(기생충에 의한 전염성 질염) 등에 도움을 준다.

해설

양파는 재배 역사가 4,000년이 넘는 것으로 알려져 있지만 우리나라엔 조선 말엽에 들어 왔다. 단맛이 강하고 양파껍질에 있는 색소 성분인 퀘르세틴(Quercetin)은 콜레스테롤과 중성지방, 혈압, 혈당을 내려주고 지방의 산패를 막아준다.

양파의 매운맛은 식욕을 자극시키기 때문에 식욕부진에도 쓸 수 있고 가래를 삭이고 소변을 잘 나가게 하고 땀을 내서 감기 예방에 좋다. 염증이나 상처부위를 유합시키는 효능이 있어 노인의 만성 피부궤양 등에 효과가 있다.

양파에 있는 '프로토카테큐산'은 항산화 물질로 녹차에 함유되어 있는 '카테킨'의 2배가 훨씬 넘는 강력함을 지닌 것으로 발표되었다.

마른 기침, 입이 마르고 갈증, 변비, 체력이 약할 때, 당뇨 등에 좋다.

2. 파프리카 발효식초

재료

- 20L 병 : 파프리카 15kg, 원당 2.7kg, 유인균 60g, 천일염 1Ts, 생수 약간
- 2L 병 : 파프리카 1.5kg, 원당 270g, 유인균 6g, 천일염 1ts, 생수 약간

만들기

1. 파프리카를 깨끗하게 씻어서 유인균 활성액에 20분 정도 담갔다가 헹군다.
2. **1**의 파프리카를 믹서에 넣고 생수를 약간 부어 곱게 갈아준다.
3. **2**에 원당과 천일염을 넣고 한 번 더 간 후 발효 유리병에 담고 유인균을 넣고 골고루 섞는다.
4. 30~37℃의 온도에서 21~30일 정도 지나면 파프리카주가 된다.
5. 완전한 파프리카주가 되었을 때 술과 건더기를 분리한다.
6. 분리한 파프리카주 병의 뚜껑을 식초 발효 덮개로 교체하고 매일 저어주면서 공기를 주입한다.
7. 알코올이 증발하여 술이 조금씩 줄어들고 신맛이 나기 시작하면서 식초로 익어간다.

Tip

파프리카는 단맛이 많아서 짧은 기간 발효하여 발효액만 먹어도 매우 좋다. 당량을 재료의 10% 정도 넣어서 3일을 두면 탄산 맛을 가진 즙이 많이 빠져나오는데, 이 즙을 물에 희석하여 마셔도 좋다. 즙을 거두고 난 건더기는 되직하게 말려서 먹어도 되고 샐러드로 먹어도 좋다. 말려서 분말로 쓰면 좋으나 당분이 들어간 파프리카는 바짝 마르지 않는 편이다. 파프리카를 녹즙기에 갈아서 즙을 만들어서 발효하면 더 많은 식초액을 거둘 수 있다.

재료 상식 더하기

파프리카는 항산화에 탁월해

파프리카는 피망과 같은 종이다. 우리나라에 피망이 먼저 들어오고 그 후에 파프리카가 들어와 피망과 구분하기 위해 파프리카라고 부르기 시작했다. 파프리카는 터키의 대표적인 향신료로, 주로 4가지 색으로 보이지만 총 12가지 색깔이 있다.

파프리카에는 비타민 C와 베타카로틴이 풍부하며, 항산화 작용이 뛰어나 활성산소 제거와 노화 예방에 도움이 되고, 암을 예방하는 한편, 멜라닌 색소 생성도 억제하기 때문에 피부에도 도움을 준다. 칼로리는 100g을 기준으로 7~13kcal 정도이며, 그 중 초록색 파프리카가 7kcal로 칼로리가 가장 낮다.

- 빨간색 파프리카 : 빨강 파프리카에 베타카로틴 성분이 가장 많다. 붉은색을 띠는 색소인 '라이코펜'은 신체의 노화와 질병을 일으키는 '활성산소' 생성을 예방해 준다. 또한 면역력 증진에도 효과적이다. 안토시아닌은 강력한 소염작용과 심장병 예방, 노화 방지에 좋다.
- 노란색 파프리카 : 매운맛이 덜하고 단맛이 강하다. 비타민이 풍부하기 때문에 피로회복과 스트레스 완화에 좋다. 노란색을 띠게 하는 루테인은 눈의 건강을 개선하고 생체리듬 유지에 도움이 된다. 환절기의 피로에 활력을 준다. 카로틴은 암과 심장질환 예방에 좋다. 또 '파라진'이라는 성분은 혈전이 생기는 것을 방지하여, 고혈압, 심근경색 등 혈관질환 개선에 효과적이다.
- 초록색 파프리카 : 파프리카 중 가장 칼로리가 낮고 철분이 풍부하여 빈혈에 좋고 다이어트 시 섭취하면 좋다. 루테인과 렉시틴은 신장과 간장 기능을 촉진하고 공해물질을 해독한다.
- 주황색 파프리카 : 기미, 주근깨를 유발하는 멜라닌 색소를 제거해주는 데 탁월한 효능이 있다. 때문에 피부 미백에 효과적이고, 피부가 노화되는 것을 예방한다. 비타민 A · B와 인, 칼륨, 칼슘, 카로틴 등이 풍부하여 망막을 보호하고 눈의 피로를 풀어주어 눈 건강에 효과적이며, 감기 예방에도 좋다.

3. 셀러리 발효식초

재료
- 20L 병 : 셀러리 13kg, 원당 3.6kg, 유인균 50g, 천일염 1Ts, 생수 2L
- 2L 병 : 셀러리 1.3kg, 원당 360g, 유인균 6g, 천일염 1ts, 생수 200ml

만들기

1. 셀러리를 깨끗이 씻어서 유인균 활성액에 20분간 담갔다가 헹군다.
2. 셀러리를 믹서에 갈기 좋게 잘게 잘라서 준비한다.
3. 믹서에 먼저 생수를 붓고 셀러리를 조금씩 넣어가며 곱게 갈아준다.
4. 셀러리는 섬유질이 많아 갈기 어려우므로 생수와 잘 희석해 가며 간다.
5. 발효 유리병에 셀러리 액을 붓고 원당, 유인균, 천일염을 넣고 골고루 섞어준다.
6. 30~37℃의 따뜻한 곳에 두고 21~30일을 발효시키면 셀러리주가 된다.
7. 셀러리주가 되었는지 꼭 확인한 후 건더기와 술을 분리시킨다.
8. 분리한 셀러리주 병의 뚜껑을 식초 발효 덮개로 교체하고 매일 저어주면서 공기를 주입한다.
9. 알코올이 증발하여 술이 조금씩 줄어들고 신맛이 나기 시작하면서 식초로 익어간다.

Tip

- 액과 건더기를 분리할 때 면보에 건더기를 부은 후 짜지 말고 면 보자기 입구를 묶어서 무거운 것을 올려두면 액이 천천히 빠져나온다.
- 건더기는 말려서 다양하게 사용한다. 장내 열이 많은 사람의 식이섬유 보충용으로 좋다.
- 시간을 두면 둘수록 더 맛있는 셀러리 식초로 익어간다.
- 셀러리는 녹즙기로 원액을 추출하여 발효하면 많은 양의 식초를 거둘 수 있다.

재료 상식 더하기

셀러리는 식이섬유와 미네랄의 보고

효능

셀러리는 향이 독특하여 향근이라고 부르기도 한다. 달고, 매우며, 쓰고 시원한 성미를 가지고 있으며, 간과 위경으로 들어가 그 기능을 활성화한다.

열을 식히고 간의 균형을 잡으며, 수분 보충, 해독, 지혈, 피를 시원하게 하고 혈압을 내리고 혈중 지방을 내린다. 어지럽고 두통이 있으며 깊이 잠이 들지 못하고 노여움이 잦은 경우, 열로 인한 두통, 고혈압, 치아 통증, 눈이 붉고 통증이 있을 때, 황달, 소변 시 통증이 있거나 피가 섞여 나올 때, 하혈, 대하, 종기의 독으로 인한 통증에 도움을 준다.

해설

100g당 16kcal로 칼로리가 낮고 식이섬유가 풍부해 체중감량과 변비에 좋으며 혈중 콜레스테롤을 낮춘다. 쿠마린, 플라보노이드계(루테인, 베타카로틴, 제아잔틴) 등의 항산화 물질이 다량 함유되어 노화를 지연하고 암예방과 면역력을 높이며 혈소판 응집을 억제해 혈액을 맑게 하며 혈액순환을 돕는다.

비타민 A, B_2, C, K가 다른 식물보다 매우 풍부하고 칼륨, 나트륨, 칼슘, 망간, 마그네슘 등의 미네랄이 다양하게 함유되어 있다. 셀러리는 생으로 먹는 것이 제일 효과적이며 녹즙으로 마시거나 장아찌를 만들거나 소스나 쌈장에 찍어 먹어도 좋다. 즙으로 마실 때는 다른 발효액을 섞어서 먹는 것이 소화를 돕는다.

4. 토마토 발효식초

재료
- 20L 병 : 토마토 15kg, 원당 3.1kg, 유인균 60g, 천일염 1Ts, 생수 약간
- 2L 병 : 토마토 1.5kg, 원당 310g, 유인균 6g, 천일염 1ts, 생수 약간

만들기

1 토마토를 깨끗이 씻어서 유인균 활성액에 20분 정도 담갔다가 헹군다.

2 토마토를 믹서에 갈기 좋을 정도로 썰어서 약간의 생수를 넣고 곱게 갈아준다.

3 볼에 곱게 갈은 토마토를 넣고 원당과 천일염, 유인균을 넣고 잘 섞는다.

4 **3**을 발효 유리병에 담고 30~37℃에서 21~30일간 발효한다.

5 술이 되었는지 확인하고 술맛이 나면 면보를 이용해 건더기와 액을 분리한다.

6 분리한 토마토주 병의 뚜껑을 식초 발효 덮개로 교체하고 매일 저어주면서 공기를 주입한다.

7 알코올이 증발하여 술이 조금씩 줄어들고 신맛이 나기 시작하면서 식초로 익어 간다.

Tip

건더기를 재활용하는 방법을 알아보자. 알코올 발효 후에 건더기는 꼭 짜지 말고 생수를 1 : 1 비율로 붓고 원당과 유인균을 추가로 섞은 후 2차 토마토식초를 만들 수 있다. 식초가 되면 면보에 토마토건더기를 모두 붓고 그물망에 올려두고 위에 무거운 것을 눌러두면 액이 천천히 빠져나온다.

토마토는 황산화 식품의 최고봉

효능

토마토는 달고 시며 시원한 성미를 가지고 있으며 간, 비장, 위장을 좋게 하며 그 기능을 도와준다. 진액을 만들어 위장을 건강하게 하며 소화작용을 돕는다. 혈압을 내리고 피를 시원하게 하며 간을 편하게 한다. 또한 더위를 식히고 열을 내리며, 신장을 도와 소변이 잘 나오게 한다. 갈증과 식욕부진을 없애고 신장과 심장에 질병이 있을 때, 간염이나 눈의 출혈에 도움을 준다.

해설

'토마토가 빨갛게 익으면 의사 얼굴이 파랗게 된다'라는 유럽의 속담이 있다. 즉, 비타민과 무기질 공급원으로 아주 우수한 식품이어서 건강을 도모하는 데 매우 유익하여 의사가 필요하지 않다는 뜻이 되겠다. 토마토는 포도당, 과당, 유기산을 함유하며 사과산, 탈수소효소, 아스코르빈산 산화효소 등의 효소, 특히 비타민, 무기질(칼슘, 인, 아연, 철분, 망간, 구리 요오드 등)이 매우 풍부하다. 특히 토마토의 비타민 C는 유기산과의 결합으로 내열성이 강해 열에 파괴되지 않아 비타민 C 보급원으로 매우 좋은 과채이며, 적혈구 형성을 돕고 피부병에도 매우 좋다. 지혈작용이 있어 괴혈병, 과민성 자반증, 감기, 유합이 잘 안 되는 상처에 좋다. 라이코펜, 베타카로틴, 잔토필, 크립토잔틴으로 구성되어 있으며 모두 지용성으로 식물성 기름과 먹으면 흡수가 잘 되므로 견과류와 함께 갈아 먹으면 좋다.

5. 당근 발효식초

재료 • 20L 병 : 당근 5kg, 원당 3.1kg, 유인균 50g, 천일염 1Ts, 생수 10L
• 2L 병 : 당근 500g, 원당 310g, 유인균 6g, 천일염 1ts, 생수 1L

만들기

1 당근을 깨끗이 씻어서 유인균 활성액에 20분 정도 담갔다가 헹군다.

2 당근을 믹서에 갈기 좋게 아주 잘게 썰어 둔다.

3 믹서에 물과 당근을 조금씩 넣어가며 곱게 갈아준다.

4 볼에 **3**과 원당, 천일염, 유인균을 넣고 잘 섞는다.

5 **4**를 발효 유리병에 담고 30~37℃에서 21~30일 후에 당근술이 되었는지 꼭 확인한 후 면보를 사용하여 건더기와 분리한다.

6 분리한 당근주 병의 뚜껑을 식초 발효 덮개로 교체하고 매일 저어주면서 공기를 주입한다.

7 알코올이 증발하여 술이 조금씩 줄어들고 신맛이 나기 시작하면서 식초로 익어간다.

Tip

당근은 수분이 85% 정도로 즙이 잘 나오지 않는 편이다. 녹즙기에 갈아서 사용하기도 하지만, 믹서에 건더기를 모두 갈면 모든 기질을 사용할 수 있다. 발효한 당근의 건더기는 시큼한 맛이지만 이로운 점이 많다. 절대 버리지 말고 응용하도록 한다. 말려서 곱게 간 후 대두를 발효하여 함께 섞어 환을 만들어 먹으면 모두 취할 수 있어 좋다.

당근은 비타민 A의 공급원인 베타카로틴이 최고

효능

달고 평하여 누구나 먹을 수 있으며 폐와 비장, 간의 기능을 강화한다. 비장을 건강하게 하고 편하게 한다. 피에 영양을 공급하고 눈을 밝게 하며 가래를 삭이고 기침을 멈추게 한다. 해독작용과 항암작용에 유익하다.

소화가 잘 안 되어 음식을 적게 먹을 때, 체력이 허하여 힘이 없거나 배가 아플 때, 소화되지 않은 채로 설사가 나올 때, 밤눈이 어두울 때, 눈이 건조할 때, 빈혈, 영양불량, 기침과 천식, 백일해, 목이 아플 때, 홍역, 물에 데었을 때, 치루, 수은중독 등을 치유한다.

해설

당근은 식이요법에 응용하는 최상의 식료이다. 당근에는 비타민 C를 파괴하는 아스코르빈산 산 산화제(ascorbic acid oxidase)가 다량 함유되어 있어 비타민 C가 많은 식품과 혼합하면 좋지 않다.

혈압과 혈중 지질은 낮추고 심장을 강하게 하며, 항염, 항알레르기, 고혈압, 고지혈증, 동맥경화증, 당뇨, 담석 등에 좋다. 당근의 카로틴은 체내에서 비타민 A로 신속히 전환하여 눈, 피부건강, 호흡기관 감염예방, 신진대사 조절, 두피가려움증, 비듬이 많은 사람에게 도움이 된다. 당근은 서당이 많이 들어 있어 단맛이 많고 당근의 전분과 자당은 소화효소의 작용하에 인체에 흡수되기 좋은 과당이나 포도당으로 변할 수 있어 인체의 칼로리를 증강시키는 데 좋고 칼슘, 인 등은 골격의 주요 성분으로 뼈에 도움이 된다.

6. 감자 발효식초

재료
- 20L 병 : 감자 6kg, 원당 3.6kg, 유인균 50g, 천일염 1Ts, 생수 10L
- 2L 병 : 감자 600g, 원당 360g, 유인균 6g, 천일염 1ts, 생수 1L

만들기

1 감자를 껍질째 깨끗이 씻어 유인균 활성액에 20분 정도 담갔다가 헹군다.

2 **1**의 감자를 껍질째 갈기 쉽게 아주 얇게 채 썬다.

3 채 썬 감자를 믹서에 조금 넣고 생수를 조금씩 넣어 가며 모두 곱게 갈아서 볼에 부어 원당과 천일염, 유인균을 넣고 골고루 버무린다.

4 **3**을 발효 유리병에 담고 30~37℃에서 21~30일간 발효하면 감자술이 된다.

5 술이 된 후 전체를 휘저어서 이틀 정도 더 발효하여 건더기와 분리한다.

6 분리한 감자주 병의 뚜껑을 식초 발효 덮개로 교체하고 매일 저어주면서 공기를 주입한다.

7 알코올이 증발하여 술이 조금씩 줄어들고 신맛이 나기 시작하면서 식초로 익어 간다.

Tip

감자를 된장찌개, 청국장, 생선조림, 감자탕, 각종 탕 등의 소금이 많이 들어가는 음식에 넣으면 감자의 칼륨(100g당 410mg)이 나트륨을 배출하는 역할을 한다. 따라서 각종 찌개나 탕류를 할 때 소금을 적게 넣고 감자식초로 간을 맞추면 좋다.

감자는 위장의 노폐물 흡착을 잘해요

효능

감자의 성미는 평하며 달고 위장과 대장의 기능을 강화한다. 기운을 돋우고 비장을 건강하게 하며 위장을 편하고 조화롭게 한다. 해독작용을 하고 종기를 완화시킨다.

생식을 하면 위통, 위 · 십이지장 궤양, 유방암, 직장암, 고혈압, 동맥경화, 신염, 습관성 변비 등에 좋으며, 볼거리나 종기가 생겼을 때, 피부습진, 물이나 불에 데었을 때, 근육이나 뼈를 다쳤을 때도 생으로 갈아서 사용한다.

해설

감자의 녹말에 식이섬유인 펙틴이 많이 들어 있어 위장관에서 물과 노폐물을 흡착하고 장 기능과 배변을 원활하게 한다. 감자는 탄수화물, Vit C, Vit B군, 칼륨, 엽산, 마그네슘 등을 함유하고 있다. 토마토와 함께 먹으면 진액을 만들고 위장건강을 도모하여 입맛을 돋게 한다.

- 발효감자쌈 : 감자 1kg, 감자식초 0.5L, 매실청 0.5L, 유인균 2g, 소금 약간 – 감자를 얇게 썰어 차가운 물에 20분 정도 담가 전분을 빼고 감자식초와 매실청, 소금을 배합하여 잠기도록 붓고 실온에 하루를 둔 뒤 냉장고에 넣어 하루 더 발효하여 고기쌈으로 먹는다.
- 유인균참요거트와 감자 : 삶은 감자와 유인균참요거트를 넣고 버무려서 먹는다.
- 감자즙과 유인균 꿀식초 : 거품, 즙, 녹말, 꿀식초 모두 희석하여 마신다. 비장과 위장의 명약이다.
- 유인균발효 감자껍질차 : 감자껍질에 유인균을 뿌리고 1시간 후에 말려서 차를 끓인다.

7. 오이 발효식초

재료 • 20L 병 : 오이 15kg, 원당 3.1kg, 유인균 50g, 천일염 1Ts, 생수 약간
• 2L 병 : 오이 1.5kg, 원당 310g, 유인균 6g, 천일염 1ts, 생수 약간

만들기

1 오이를 깨끗하게 세척하여 유인균 활성액에 20분 정도 담갔다가 잘게 썬다.

2 믹서에 오이, 원당, 천일염을 넣고 생수를 약간 부어가며 갈아준다.

3 발효 유리병에 **2**의 오이즙을 붓고 유인균과 원당, 천일염을 넣고 섞는다.

4 30~37℃에서 21~30일을 발효하면 오이주가 되는데, 꼭 술이 되었는지 맛을 보고 술이 완전히 되었으면 하루에 한 번씩 2일 정도 전체를 저어서 오이의 성분을 더 추출하도록 한다.

5 **4**의 오이주의 건더기와 술을 분리한다.

6 분리한 오이주 병의 뚜껑을 식초 발효 덮개로 교체하고 매일 저어주면서 공기를 주입한다.

7 알코올이 증발하여 술이 조금씩 줄어들고 신맛이 나기 시작하면서 식초로 익어간다.

Tip

분리한 오이건더기는 약간 더 발효시켜서 오이김치를 담글 때 양념에 섞거나 오이물김치나 오이냉국을 만들 때 주머니에 담아 우려내어도 좋다. 여름에 오이냉국을 만들 때 오이식초를 넣어주면 더 맛있는 냉국이 된다.

오이는 노폐물 배출제

효능

오이의 성미는 달고 시원하며, 폐와 비장과 위장의 기능을 강화한다. 열을 식혀주고 더위를 풀어주며, 진액을 만들고 갈증을 멈춘다. 소변을 잘 나가게 하여 독을 풀어준다. 열로 인한 질병으로 갈증이 있을 때, 소변이 짧고 피가 섞여 나올 때, 소변이 적게 나오며 몸이 부을 때, 불이나 물에 데었을 때, 땀이 나온 자리의 반점, 땀띠, 목구멍의 통증, 얼굴이 붉어질 때 등에 도움이 된다.

해설

1) 오이는 물김치, 장아찌, 피클, 소박이, 냉국, 샐러드 등으로 이용되며 설탕, 식초와 함께 무치거나 돼지고기와 볶아 먹으면 열을 식히고 갈증을 없애주며, 해독작용과 소변을 잘 나오게 하는 효능을 얻을 수 있다.
2) 오이에 식초를 첨가하면 소변이 잘 나오게 하는 효능이 강해지고 꿀과 함께 끓이면 설사를 다스린다. 오이 꼭지 부분의 쿠커비타신(Cucurbitacin) 성분은 쓴맛을 내지만 항암작용이 있고, 오이 덩쿨은 혈압과 콜레스테롤을 내리는 작용을 한다.
3) 오이에는 마그네슘, 아연이 풍부하여 주름, 기미, 땀띠에 좋다. 성질이 서늘하고 맛이 달며 열병으로 인하여 가슴이 답답할 때, 목의 통증, 눈의 충혈, 토사 등이 있을 때 좋고, 껍질까지 식용하게 되면 인후 부위가 붓고 아픈 데 더 효과가 있다.
4) 섬유질은 위장의 연동운동 촉진, 부패물질 배설 촉진, 콜레스테롤 흡수 저하작용을 하고 열량이 낮아 다이어트에 도움이 된다.

8. 단호박 발효식초

재료
- 20L 병 : 단호박 5kg, 원당 3kg, 유인균 50g, 천일염 1Ts, 생수 10L
- 2L 병 : 단호박 500g, 원당 300g, 유인균 6g, 천일염 1ts, 생수 1L

만들기

1 단호박을 껍질을 깎아서 믹서에 갈기 좋게 잘게 썬다.

2 잘게 썬 단호박을 믹서에 넣고 생수를 조금씩 넣어가며 간다.

3 미리 간 것은 발효 유리병에 붓고 마지막으로 갈 때 원당과 천일염을 넣고 간다.

4 위의 간 것을 모두 발효 유리병에 붓고 유인균을 넣고 골고루 저어준다.

5 30~37℃에 두면 21~30일 사이에 단호박주로 익어가는데, 익히지 않은 단호박이라 효소와 유인균의 작용이 왕성하여 위로 끓어오르는 경우가 있으니 잘 살펴야 하며 위로 넘치지 않도록 발효 유리병 내부에 충분한 공간을 둔다.

6 완전히 단호박주가 되면 건더기를 아래위로 저으면서 2~3일 정도 단호박의 성분을 더 추출한 후 건더기와 술이 분리되면 건더기를 건져낸다.

7 분리한 단호박주 병의 뚜껑을 식초 발효 덮개로 교체하고 매일 저어주면서 공기를 주입한다.

8 알코올이 증발하여 술이 조금씩 줄어들고 신맛이 나기 시작하면서 식초로 익어간다.

Tip

분리한 단호박 건더기는 더 익혀 새콤하게 만들어 소스로 사용하도록 한다.

호박은 노화 지연제

효능

호박은 달고 따뜻하며 비장과 위장의 기능에 도움을 주고 기운을 실어준다. 염증, 종기를 완화하고 통증을 줄인다. 기침을 멈추고 가래를 없애주며 살충작용과 해독작용을 한다. 빈혈, 비린내 나는 기침과 함께 진득한 가래가 나올 때, 천식, 부종, 데었을 때, 벌에 쏘였을 때 등에 도움을 준다.

맛이 달고 퍽퍽하기 때문에 기가 옹체되거나 배에 가스가 찰 때는 피한다.

해설

호박의 숙과는 전분이 많아 감자, 고구마, 콩에 이어 칼로리가 높고 비타민 A, B, C를 함유하며 카로틴 함량이 많아 항산화, 항암 활성 등이 있다.

호박과 소고기를 함께 끓여 먹으면 가래가 줄고 고름이 배출되고, 폐 기능이 높아지며, 해삼을 다져 죽을 끓여 먹으면 흉부 통증을 다스릴 수 있다.

호박은 코발트 성분이 많은 비타민 B_{12}를 많이 함유하고 있는데 적혈구를 형성하는 조혈작용에 중요하므로 빈혈에 활용한다.

약용가치는 늙은 호박이 제일 높으며 칼슘, 전분, 철, 카로틴을 함유하고 있다.

어린호박은 비타민 C와 포도당이 풍부하다. 어린싹, 호박잎, 호박꽃도 요리에 사용한다.

호박은 맛이 달지만 지방과 나트륨 함량이 낮아 당뇨나 고혈압 환자의 음식으로 좋다. 호박을 상식하게 되면 당뇨병, 고혈압, 간장, 신장의 만성질환을 예방하며, 통변이 잘 되기 때문에 내변에 있는 독성이 인체에 흡수되는 것을 감소시킬 수 있어서 결장암 예방에 효과가 있다.

9. 고구마 발효식초

재료
- 20L 병 : 고구마 5kg, 원당 3.3kg, 유인균 50g, 천일염 1Ts, 생수 10L
- 2L 병 : 고구마 500g, 원당 330g, 유인균 6g, 천일염 1ts, 생수 1L

만들기

1. 고구마를 껍질째 깨끗이 씻어 유인균 활성액에 20분 정도 담갔다가 헹군다.
2. 고구마를 믹서에 갈기 쉽게 아주 얇게 채 썬다.
3. 채 썬 고구마를 믹서에 조금 넣고 생수를 조금씩 넣어 가며 모두 곱게 갈아서 발효 유리병에 담고 유인균을 넣고 골고루 저어준다.
4. 30~37℃에서 21~30일을 발효하여 고구마주가 되었는지 확인한다.
5. 술이 된 후, 전체를 휘저어 유인균의 배치를 바꾸어서 2일 정도를 더 발효한다.
6. 확실하게 술이 된 것을 확인하고 건더기와 고구마주를 분리한다.
7. 분리한 고구마주 병의 뚜껑을 식초 발효 덮개로 교체하고 매일 저어주면서 공기를 주입한다.
8. 알코올이 증발하여 술이 조금씩 줄어들고 신맛이 나기 시작하면서 식초로 익어 간다.

Tip

고구마는 달콤하여 술이나 식초가 되어도 맛이 좋다. 분리하고 남은 건더기에 생수를 약간 붓고 유인균을 추가하여 재발효하면 2차 식초를 거둘 수 있다.

고구마의 섬유질은 대장에 최고

효능

고구마의 성미는 달고 평하지만 익히면 따뜻하고, 비장과 신장의 기능을 강화한다. 진액을 만들어 기운을 순환시키고 위장을 편하게 하며 변비를 없애준다. 비장이 허해서 생기는 붓기와 설사, 피부질환으로 생긴 독소 등에 도움이 된다.

해설

주성분이 전분질이고 카로틴, 비타민과 칼륨, 칼슘 등의 무기질을 함유하며, 노란색이 진한 고구마일수록 프로비타민 A인 카로틴을 많이 함유한 것이다. 또한 Vit B_1, B_2, 나이아신, 비타민 C를 함유하고 있다.

섬유질 성분이 많아 대장에 대량의 수분을 흡수해서 변의 용적을 늘려 변비 예방과 대장암 예방, 항암 효과가 있다. 알칼리성 식품으로 점액성 단백질을 가지고 있어 심혈관계의 탄성을 유지하게 하고 피하지방을 감소시키는 효능이 있다. 무와 함께 먹으면 무의 아밀라제 때문에 소화가 잘 된다.

10. 시금치 발효식초

재료
- 20L 병 : 시금치 9kg, 원당 2.8kg, 유인균 50g, 천일염 1Ts, 생수 5L
- 2L 병 : 시금치 900g, 원당 280g, 유인균 6g, 천일염 1ts, 생수 500ml

만들기

1. 시금치를 깨끗하게 씻어서 유인균 활성액에 20분 정도 담갔다가 헹군다.
2. 믹서에 **1**를 넣고 생수를 부어가면서 곱게 갈아준다.
3. 발효병에 **2**의 갈은 시금치를 붓고 원당과 천일염을 넣어 골고루 섞어준다.
4. **3**에 유인균을 넣고 한 번 더 주물러 균주를 퍼트린다.
5. 30~37℃에서 21~30일을 발효하면 술맛이 나는데, 꼭 확인하도록 한다.
6. 맛을 보고 시금치주가 되었을 때 하루 한 번 2일 정도 아래, 위를 저어준다.
7. 시금치주가 완전히 되었다면 건더기와 액을 분리한다.
8. 분리한 시금치주 병의 뚜껑을 식초 발효 덮개로 교체하고 매일 저어주면서 공기를 주입한다.
9. 알코올이 증발하여 술이 조금씩 줄어들고 신맛이 나기 시작하면서 식초로 익어간다.

재료 상식 더하기

시금치는 채소 중 무기질의 왕

효능

시금치는 성미가 달고 시원하며 간, 위장, 대장, 소장 기능을 강화한다. 열을 식히고 가슴의 답답함을 제거한다. 건조한 것을 윤택하게 하여 피를 만들어주고 장과 위를 소통시켜준다. 괴혈병, 빈혈, 코피, 두통, 어지러움, 눈이 붉을 때, 야맹증, 갈증으로 인해 물을 자주 마시고 싶을 때, 변비, 고혈압, 당뇨 등에 도움이 된다.

해설

월동성은 강하고 더위에는 약하며 산성 땅에는 극히 약하다. 비타민 C가 많이 함유되어 있고 엽록소가 풍부하며 악성빈혈에 효과가 있는 엽산이 많다. 면역력 증강, 암 예방, 피부 윤택에 도움을 준다. 고혈압, 당뇨병 환자가 먹으면 좋고, 치질로 인한 대변 출혈이나 습관성 변비, 빈혈증, 괴혈병, 야맹증 등의 예방 · 치료에도 좋다. 비타민, 무기질이 많아 '채소 중의 왕'이라고 하며, 가을 · 겨울철에 짙은 색을 띨 때 영양가치가 가장 높다.

시금치에 다량 함유된 수산은 다른 식품 중의 칼슘을 만나 수산칼슘염을 형성하여 소화흡수를 방해하므로 콩류, 목이버섯, 김 등 칼슘성분이 많은 음식물과 같이 먹어야 할 경우에는 끓는 물에 살짝 데쳐서 먹는 것이 바람직하다. 腸胃를 통하게 하고 흉격을 열어 주며 장이 메마른 것을 윤택하게 해주고 혈압을 내려주며 주독을 풀어주고 보혈하는 작용이 있다. 산야초나 재배채소의 뿌리에는 잎이나 줄기보다 한층 많은 영양분이나 인체를 살리는 생명력이 충만하므로, 시금치도 뿌리를 다듬어 버리지 말고 먹기를 권한다. 실제로 시금치 뿌리에는 당뇨에 좋은 효능이 있다고 알려져 있다.

11. 생강 발효식초

재료
- 20L 병 : 생강 3.5kg, 원당 3.2kg, 유인균 70g, 천일염 1Ts, 생수 10L
- 2L 병 : 생강 350g, 원당 320g, 유인균 8g, 천일염 1ts, 생수 1L

만들기

1 생강은 껍질째 깨끗이 씻어서 유인균 활성액에 20분 정도 담갔다가 헹군다.

2 생강을 갈기 좋게 얇게 저미고 생수를 미지근하게 데운다.

3 믹서에 데운 생수 300ml를 붓고 생강을 조금씩 넣어가면서 곱게 갈아준다.

4 **3**을 발효 용기에 붓고 원당과 천일염을 넣어 섞어준다.

5 나머지 생수를 발효용기에 붓고 유인균을 넣고 저어준다.

6 30~37℃에서 30~45일을 발효하여 술이 된 후 건더기와 생강주를 분리한다.

7 분리한 생강주 병의 뚜껑을 식초 발효 덮개로 교체하고 매일 저어주면서 공기를 주입한다.

8 알코올이 증발하여 술이 조금씩 줄어들고 신맛이 나기 시작하면서 식초로 익어간다.

9 숙성이 되면 반드시 물에 희석하여 마시도록 한다. 꿀을 타서 마셔도 좋다.

생강은 위장과 몸을 따듯하게 해요

효능

생강은 성질이 따뜻하고 매우며 폐경, 비경, 위경으로 들어간다. 냉기를 외부로 내보내고 기가 치솟은 것을 내리며 구토를 멈추게 하고 담을 삭이고 해독작용을 한다. 감기, 구토, 담음으로 인한 천식, 복통, 설사, 물고기 중독 등에 도움이 된다.

해설

단백질, 섬유질, 펜토산, 무기질 등이 함유되어 있으며 생강의 방향성과 매운 성분은 위점막을 자극하여 위액 분비를 증가시키고 소화를 촉진하는 작용이 있으므로 위장을 건강하게 하는 데 도움이 된다. 생강의 진저론(zingeron)은 소화 촉진, 혈액순환 촉진, 면역력 증강, 노화 방지, 당뇨, 비만 예방에 도움이 되고, 담즙을 촉진시켜 핏속의 콜레스테롤을 없앤다. 또 혈액 응고를 막고 혈액순환을 돕는 효과가 크다. 몸의 냉기나 담음이 위에 정체되어 발생하는 오심, 구토에 효과가 있으며, 폐를 따뜻하게 하므로, 맑은 가래가 많은 기침 증상에 효과가 있다. 말린 생강은 '건강'이라고 하는데 생강보다 따뜻한 성질이 강화되어서 주로 속을 따뜻하게 데워서 냉기로 인해 생긴 질병을 물리치는 데 사용한다.

감기로 인한 두통, 몸살 기침, 뱃속이 냉해서 생기는 구토, 생선 · 게에 의해 발생한 구토, 설사에 도움이 되고 외피인 생강껍질은 체액을 잘 흐르게 하고 비장을 조화롭게 하는 성질이 있어 수종을 치료한다.

12. 마늘 발효식초

재료
- 20L 병 : 마늘 3.5kg, 원당 3.1kg, 유인균 70g, 천일염 1.5Ts, 생수 10L
- 2L 병 : 마늘 350g, 원당 310g, 유인균 8g, 천일염 1.5ts, 생수 1L

만들기

1. 마늘은 껍질을 까서 아주 곱게 다진다.
2. 곱게 다진 마늘을 볼에 담고 조청, 원당과 천일염을 넣고 버무린다.

   ★ 마늘 냄새가 손에 많이 베는 것이 싫으면 나무주걱으로 버무린다.
3. 버무린 마늘을 발효 유리병에 담은 후 생수를 붓고 유인균을 넣어 저어준다.
4. 30~37℃에 두면 30~45일 사이에 마늘주로 익어 가는데, 마늘주가 완성되면 건더기를 아래위로 저으면서 일주일 정도 마늘의 성분을 더 추출한다.

   ★ 마늘이 충분히 발효되면 마늘 냄새가 많이 줄어든다. 실온에서는 시간이 소요된다.
5. 4의 마늘술이 충분히 익으면 건더기와 술을 분리한다.
6. 분리한 마늘주 병의 뚜껑을 식초 발효 덮개로 교체하고 매일 저어주면서 공기를 주입한다.

   ★ 변화된 당도와 알코올 도수에 따라서 식초로 익는 기간이 약간씩 다르다.
7. 알코올이 증발하여 술이 조금씩 줄어들고 신맛이 나기 시작하면서 식초로 익어간다.

   ★ 초산 발효하면 마늘의 강한 향이 날아가고 부드러운 맛의 마늘 식초로 익어간다.
8. 숙성이 되면 반드시 물에 희석하여 마시도록 한다. 꿀을 타서 마셔도 좋다.

Tip

분리한 마늘식초 건더기는 숙성시켜서 여러 가지 음식을 할 때 사용하도록 한다.

마늘은 위장이 냉한 경우에 좋아요

효능

마늘은 맵고 따뜻한 성미를 가지고 있으며 비장, 위장, 폐장의 기능을 좋게 하여 체한 것을 움직이게 하고 막힌 곳을 뚫어 노폐물을 체외로 잘 배출시킨다. 기침, 가래를 삭이고 해독과 살충, 피 속의 지방을 없애며, 혈압을 내리고 항암작용에 효능이 있다. 배를 편하게 하여 냉기를 없애고 장염, 이질, 설사, 폐렴, 백일해, 감기, 종기의 독, 피부병, 뱀이나 벌레에 물렸을 때, 구충병, 요충병, 대하, 고지혈증, 고혈압, 죽상동맥경화증, 비만, 납중독, 장폐색 등에 도움이 된다.

해설

〈본초강목〉에는 "마늘은 그 기가 훈열하여 오장에 통하고 모든 규(竅, 구멍)에 통하며, 한습을 제거하고 사악(邪惡)을 피하며, 옹종(擁腫, 종기와 덩어리)을 해소하고 징적육식(癥積肉食, 육식으로 인한 체증)을 소화한다."라고 되어 있다.

- 마늘의 영양성분(mg/100g) : 칼슘(14), 철분(1), 칼륨(652), 인(199), 비타민 C(9), 나트륨(5)
- 다른 과채와 칼륨 함유 비교(mg/100g) : 마늘(652), 시금치(502), 감자(396), 바나나(335)
- 마늘에는 칼슘 성분이 많기 때문에 골다공증에 도움이 되고 마늘에 함유된 칼륨 성분이 염분을 배출해서 칼슘 흡수를 촉진하게 된다. 동맥혈관 내 지방이 침적되는 것을 막고 혈전 생성을 방지하며 혈액순환이 잘 되도록 하므로 혈압강하, 혈지강하에 도움이 되며, 납중독을 방지하고 아질산 등 발암물질의 인체 합성과 흡수를 억제한다.
- 마늘 냄새 제거 : 당귀차나 녹차를 마신다.

13. 우엉 발효식초

재료
- 20L 병 : 우엉 3.5kg, 원당 3.1kg, 유인균 60g, 천일염 1.5Ts, 생수 10L
- 2L 병 : 우엉 350g, 원당 310g, 유인균 7g, 천일염 1.5ts, 생수 1L

만들기

1 우엉은 껍질째 깨끗이 씻어서 유인균 활성액에 20분 정도 담갔다가 헹군다.

2 **1**의 우엉을 믹서에 갈기 좋게 아주 잘게 썰어 둔다.

3 믹서에 잘게 썬 우엉을 넣고 생수를 부어가며 곱게 간 후 발효 유리병에 담는다.

4 **3**에 원당, 천일염, 유인균을 넣고 잘 섞어서 30~37℃ 온도에서 발효한다.

5 21~30일이 지나 술이 되면 전체를 휘저어 주고, 우엉의 성분을 좀 더 우려내기 위해 2일 정도 지난 후에 면보를 이용해 건더기와 우엉 발효술을 분리한다.

6 분리한 발효술 병의 뚜껑을 식초 발효 덮개로 교체하고 매일 저어주면서 공기를 주입한다.

7 알코올이 증발하여 술이 조금씩 줄어들고 신맛이 나기 시작하면서 식초로 익어 간다.

Tip

- 우엉 껍질에 사포닌이 많이 있으므로 세척할 때 거친 솔이나 수세미를 사용하지 말고 깨끗이 씻는 것이 좋다. 섬유질의 보고인 우엉은 변비 예방에 도움이 되므로 발효 후에 건더기를 버리지 말고 따뜻한 물에 조청을 약간 가미하여 먹도록 한다.
- 마나 우엉, 연근, 더덕 등 녹말(탄수화물) 성분이 많은 뿌리 식재료를 발효할 때는 공기 배출 관리를 잘 해야 한다. 공기 배출이 제대로 되지 않으면 발효되면서 원하지 않은 냄새가 날 수 있으니 일정기간의 발효가 끝나면 뚜껑을 열고 저어주면서 묶은 공기를 빼내어 주도록 한다.

재료 상식 더하기

우엉은 이뇨에 도움이 돼요

효능

우엉의 성미는 쓰고 냉하며, 폐의 기능을 강화한다. 풍열을 없애고 해독하며 발진을 순조롭게 한다. 소염작용, 이뇨작용, 유해균 억제작용, 심장을 강하게 한다. 기침, 열감기, 홍역, 인후종통, 두드러기, 열독으로 인한 반점, 피부가 헐었을 때, 부종, 변비, 볼거리 등에 사용한다. 폐렴, 기관지염에도 사용한다.

해설

우방근, 즉 우엉 뿌리는 배뇨장애, 류머티즘성 관절염, 당뇨병 등에 쓰며 습진, 부스럼에도 고약에 섞어 바른다. 또 기름을 추출하여 탈모 부분에 바르면 효과적이며, 우엉뿌리 추출액이 항암작용을 나타낸다는 것이 밝혀졌다.

우엉은 당질 성분을 많이 함유한 알칼리성 식품으로 당질의 주성분을 이루는 것은 녹말이 아닌 이눌린(다당류)이라는 성분이며, 열량은 거의 없고 비타민 함유량이 적은 반면 섬유질이 많고 우엉의 단백질은 필수 아미노산인 아르기닌을 많이 함유하고 있다.

우엉은 빈혈예방과 조혈작용을 해주고 우엉에 많이 들어 있는 식이섬유는 섬유질 자체의 수분 보유력으로 16배나 무거운 물을 머금어 변을 부드럽게 해주고, 배변의 양을 증가시킬 뿐 아니라, 장내 박테리아의 활동을 도와 발효 가스를 발생시켜 변을 시원하게 보게 한다. 또 우엉의 올리고당이 체중을 감소시키고, 위장 기능을 유지시키며, 변비 완화 및 대장암 발생 위험을 줄여주는데 올리고당은 장내 유산균의 일종인 비피더스균의 먹이로 유산균을 늘려서 장운동을 활성화시키고 장을 깨끗하게 유지하며 우엉에는 올리고당이 양배추의 5배나 들어 있다.

14. 마 발효식초

재료 • 20L 병 : 마 6kg, 원당 2.6kg, 유인균 50g, 천일염 1Ts, 생수 6L
• 2L 병 : 마 600g, 원당 260g, 유인균 6g, 천일염 1ts, 생수 600ml

만들기

1 마는 껍질째 깨끗이 씻어 유인균 활성액에 20분 정도 담갔다가 헹군다.

2 마를 믹서에 갈기 쉽게 아주 얇게 채 썬다.

3 믹서에 **2**의 마와 생수, 원당, 천일염을 섞어가며 곱게 갈아준다.

4 믹서에 간 마를 발효 유리병에 담고 유인균을 넣고 골고루 저어준다.

5 30~37℃에서 21~30일을 발효하여 술이 되었는지 확인하고 건더기와 분리한다.

6 분리한 발효주의 병뚜껑을 식초 발효 덮개로 교체하고 매일 저어주면서 공기를 주입한다.

7 알코올이 증발하여 술이 조금씩 줄어들고 신맛이 나기 시작하면서 식초로 익어간다.

Tip

• 마는 발효할 때 뮤신의 활성이 강화되어 그 점성으로 인해 매우 많이 부풀어 오르는데 공간을 많이 두어 넘치지 않도록 관리를 잘 해야 한다.

• 마의 뮤신이 위벽을 감싸주어 위궤양이나 위산 과다에 도움을 준다. 비위에 열이 많은 사람은 마를 우유나 두유에 넣고 천일염, 견과류를 약간 넣고 갈아서 아침 공복에 마시면 좋다. 생마를 썰어서 황세란유인균 발효청국장을 올리고 유인균발효 함초소금을 넣은 참기름에 찍어 먹으면 비위와 폐 기능, 신장 기능 강화를 위한 훌륭한 식이법이 된다.

마의 뮤신은 위장의 선약

효능

마의 성미는 달고 평하며 폐, 비장, 신장의 기능을 도와준다. 비장을 건강하게 하고 폐를 보한다. 신장의 기능을 도와주어 정기를 보하고 소변이 잦은 것을 막아준다. 비장이 허해서 생기는 설사, 무기력한 증상, 폐가 허해서 생긴 오랜 기침, 갈증, 신장의 기능이 허해서 생기는 유정(遺精), 대하(帶下)에 도움을 준다.

해설

마는 단백질, 탄수화물, 칼슘, 인, 철, 카로틴, 비타민 등 여러 종류의 영양분을 함유하고 있으며 전분효소, 콜린, 점액효소 및 사포닌 등을 함유하고 있다. 그 중 전분효소는 소화효소라고 불리며 전분 등 물질을 분해할 수 있는데, 알칼리성 물질과 혼합하면 전분효소의 작용이 사라진다. 마의 점착성은 당단백질인 뮤신에 의한 것이다.

신장의 기능이 약하여 생기는 허리와 무릎이 시릴 때, 무의식 중에 정액이 몸 밖으로 나올 때, 조루증 증상을 가진 사람에게는 바람직한 음식으로 각종 비타민, 필수 아미노산이 풍부해 남성호르몬을 생성한다.

마에 함유된 디아스타제는 체내에서 포도당으로 변환되어 인슐린의 분비를 촉진시켜 당뇨 치료 및 예방에 도움을 주고 디오스게닌 성분은 체내의 호르몬 밸런스를 맞춰주기 때문에 노화 방지에 효능이 있다. 마의 전분은 변비 해소에 효능이 뛰어나고 장 내 유산균 활동과 장운동을 촉진시켜 변비예방에 좋다.

재료 상식 더하기

마가 남긴 설화 - 서동과 선화공주

삼국유사(三國遺事) 2권의 무왕조(武王條)에는 기록으로 남아 있는 가장 오래된 4구체 향가인 서동과 선화공주의 러브 스토리 설화가 이두(吏讀)로 표기한 원문으로 실려 있다. 진평왕의 셋째 딸인 선화공주가 아름답다는 소문을 들은 서동이 머리를 깎고 스님으로 변장해 서라벌에 잠입한 뒤, 아이들에게 마를 나눠주며 부르게 했다는 바로 그 노래다. 향가 해석의 대가 양주동 박사의 해석에 따르면, '선화공주님은/남 몰래 정을 통해 두고/맛둥방(서동)을/밤에 몰래 안고 가다. 善化公主主隱/他密只嫁良置古/薯童房乙/夜矣卯乙抱遣去如'라는 뜻이라고 한다. 진평왕은 이 노래를 전해 듣고 진노해 선화공주를 내쫓았으며, 이에 서동이 백제로 데려가 왕비로 삼았다는 것인데, 삼국유사에는 무왕과 선화공주가 부부의 연을 맺은 뒤 사자사(師子寺)로 가던 중 미륵삼존을 만나게 되고, 그 영험에 감복해 미륵사를 창건한 것으로 기록돼 있다.

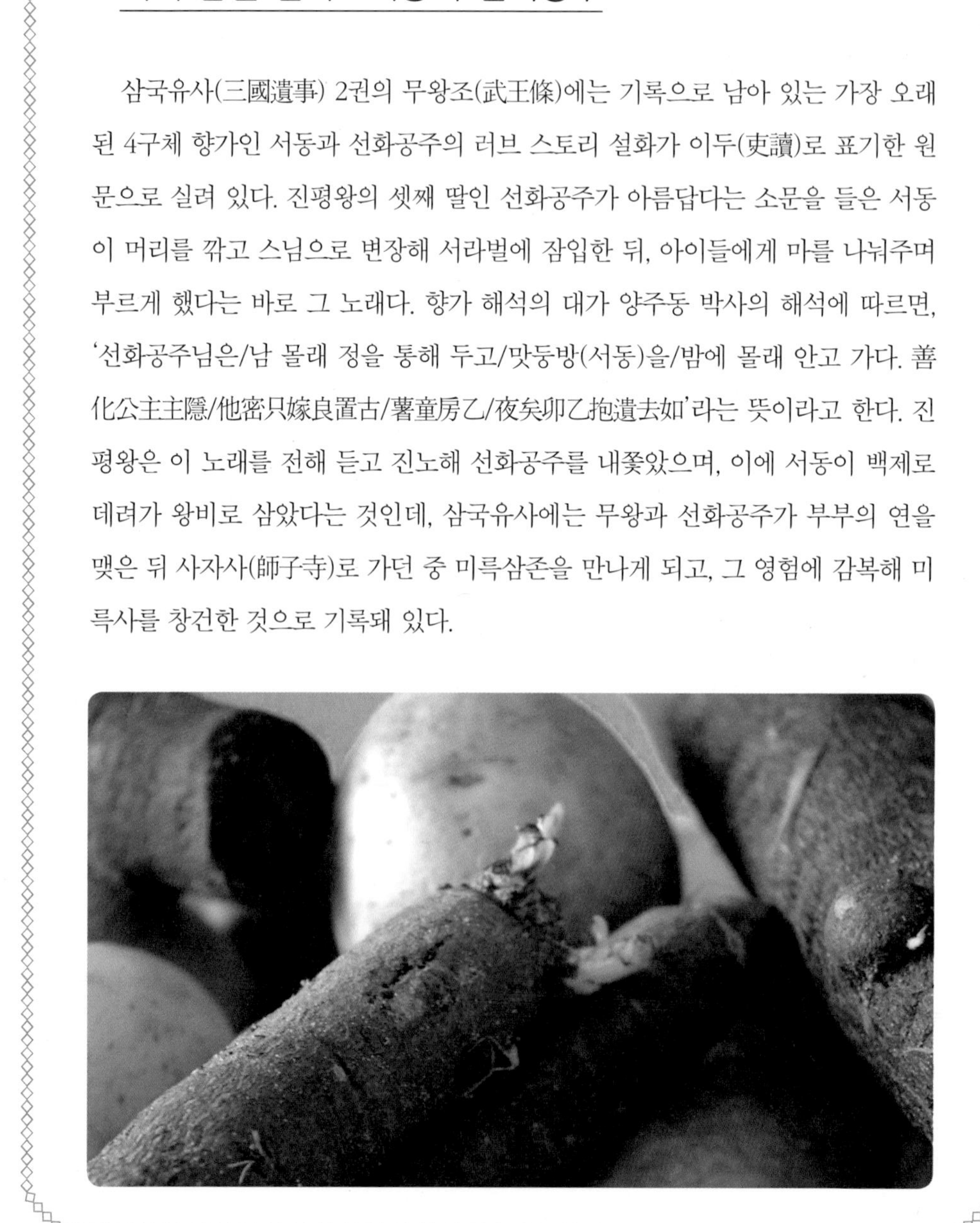

15. 더덕 발효식초

재료
- 20L 병 : 더덕 3.5kg, 원당 3.1kg, 유인균 50g, 천일염 1Ts, 생수 10L
- 2L 병 : 더덕 350g, 원당 310g, 유인균 6g, 천일염 1ts, 생수 1L

만들기

1 더덕을 깨끗하게 세척하여 유인균 활성액에 20분 정도 담갔다가 잘게 썬다.
★ 더덕 껍질은 벗기지 말고 솔로 흙을 털듯이 씻어내도록 한다.

2 잘게 썬 더덕을 넣고 생수를 부어가며 믹서에 간 후 발효 유리병에 담는다.

3 **2**에 원당, 천일염과 유인균을 넣어서 저어준다.

4 30~37℃에서 21~30일을 발효하면 더덕주가 되는데 술맛을 보고 확인한다.

5 더덕주가 되었으면 전체를 저어서 2일 정도 기다렸다가 건더기와 액을 분리한다.
★ 완전한 더덕주가 되지 않았다면 더덕주가 되도록 좀 더 기다린다.

6 분리한 더덕주 병의 뚜껑을 식초 발효 덮개로 교체하고 매일 저어주면서 공기를 주입한다.

7 알코올이 증발하여 술이 조금씩 줄어들고 신맛이 나기 시작하면서 식초로 익어간다.

더덕은 구강 염증에 좋아요

효능

더덕의 성미는 달고 매우며 평하고 간, 폐, 신장의 기능을 도와준다. 기를 돋우고, 음기를 길러주고 해독작용으로 고름을 배출하며, 수유부의 젖을 잘 돌게 한다. 마른 기침, 편두통, 폐렴, 젖 몽우리, 장(腸) 내 종기, 종기로 인한 독과 통증, 수유부의 유즙이 부족할 때 도움이 된다.

해설

오래 묵은 더덕은 산삼보다 낫다고 하여, 더덕의 약효가 인삼 못지않다는 말이 있다. 더덕은 '사삼'이라 불리며 인삼, 현삼, 단삼, 고삼과 함께 5대 삼으로 꼽히고 있다.

더덕의 단면을 자르면 나오는 하얀 진액은 양의 젖과 같다고 하여 양유근(羊乳根)이라고도 불린다. 사포닌의 알칼로이드 활성성분, 단백질, 비타민, 칼슘, 당류 등이 함유되어 있다.

다량의 사포닌으로 인해 항암, 항염증, 항산화, 심혈관 이완, 해독, 강장, 건위(健胃)의 효능이 있으며, 혈중 콜레스테롤과 지질을 줄이고 혈압을 낮추는 작용이 있어 고혈압, 비만 예방에 도움이 된다. 침이 줄어들어 입안이 건조하면 세균의 번식이 활발해지는데 더덕 사포닌은 침샘을 자극해 침의 분비를 촉진하여 구강 내 염증을 막아주고 살균작용이 활발해져 구강 내 건강을 유지하게 된다. 또한 남성호르몬(테스토스테론)의 농도 감소를 억제한다.

16. 도라지 발효식초

재료
- 20L 병: 도라지 3.5kg, 원당 3.1kg, 유인균 50g, 천일염 1Ts, 생수 10L
- 2L 병 : 도라지 350g, 원당 310g, 유인균 6g, 천일염 1ts, 생수 1L

만들기

1 도라지를 깨끗하게 씻어서 유인균 활성액에 20분 정도 담갔다가 잘게 썬다.

2 믹서에 도라지를 넣고 생수를 부어가며 먼저 갈고 원당, 천일염도 넣고 갈아준다.

3 발효 유리병에 **2**를 붓고 유인균을 넣어서 저어준다.

4 30~37℃에서 21~30일을 발효하여 도라지주가 되었는지 확인한 후 건더기와 술을 분리한다.

5 분리한 도라지주 병의 뚜껑을 식초 발효 덮개로 교체하고 매일 저어주면서 공기를 주입한다.

6 알코올이 증발하여 술이 조금씩 줄어들고 신맛이 나기 시작하면서 식초로 익어 간다.

Tip

분리한 도라지 건더기는 좀 더 발효시켜서 새콤한 맛이 나면 그대로 먹거나 생수에 타서 마셔도 좋고 음식에 활용하면 훌륭한 발효 약선 음식을 만들 수 있다.

도라지는 진해 · 거담에 으뜸

효능

도라지의 성미는 쓰고 매우며 시원하고 폐의 기능을 돋운다. 담(가래)을 삭이고 기침을 멈추게 하며 고름을 배출한다. 폐의 기능이 약해서 생긴 기침 · 가래, 가슴이 답답하고 시원하지 못할 때, 목의 통증, 진한 가래가 나올 때, 소변이 막혀서 잘 나오지 않을 때, 변비 등에 도움을 준다.

돼지고기와 먹지 않고, 음이 허해서 생긴 화기(火氣)가 성해 피가 섞인 기침이 나올 때는 먹지 않는다.

해설

도라지는 폐를 좋게 하여 가래를 없애주는 대표적인 식물이다. 뿌리줄기에 사포닌(Saponin)의 일종인 플라티코딘(Platycodin, 진통완화, 항염)과 플라티코디게닌(Platycodigenin)이 함유되어 있어, 이 성분이 거담, 진해, 소종작용을 한다.

트리테르페노이드(Triterpenoid)계 사포닌으로 기관지 내 점액 분비를 항진시켜 가래를 삭이고 만성기관지 질환에 효능이 있다.

도라지에서만 특별히 관찰되는 사포닌 성분은 진정, 해열, 진통, 진해, 거담, 혈당 강하, 콜레스테롤 대사 개선, 항암작용 및 혈압 강하작용, 소염작용, 위액 분비억제 작용, 항궤양 작용, 항아나필락시(과민성 알레르기) 작용 등을 하는 것으로 밝혀졌다.

도라지에 함유된 물질들은 곰팡이의 독소 생성을 감소시키며, 실험동물에 투여했을 때 식균작용을 촉진하였을 뿐만 아니라 특히 이눌린(Inulin) 성분은 생쥐를 이용한 항암실험에서 강력한 항암활성을 보였다.

17. 연근 발효식초

재료
- 20L 병 : 연근 4kg, 원당 3kg, 유인균 50g, 천일염 1Ts, 생수 10L
- 2L 병 : 연근 400g, 원당 300g, 유인균 6g, 천일염 1ts, 생수 1L

만들기

1 연근은 껍질째 깨끗하게 씻어서 유인균 활성액에 20분 정도 담갔다가 헹군다.

2 연근을 갈기 좋게 썰어 물을 부어가며 원당, 천일염을 넣고 갈아준다.

3 발효 유리병에 **2**를 붓고 유인균을 넣고 골고루 저어준다.

4 30~37℃에서 21~30일을 발효하여 연근주가 되면 건더기와 액을 분리한다.

5 분리한 연근주 병의 뚜껑을 식초 발효 덮개로 교체하고 매일 저어주면서 공기를 주입한다.

6 알코올이 증발하여 술이 조금씩 줄어들고 신맛이 나기 시작하면서 식초로 익어 간다.

Tip

연근을 갈면 점성이 높아서 한 덩어리로 엉켜 부풀면서 위로 떠오른다. 큰 유리병에 공간을 많이 두고 할 때는 갈아서 하는 것이 더 많은 영양소와 유기물질을 추출할 수 있다.

연근은 나트륨을 배출해요

효능

연근의 성미는 매우 차고 심장, 간, 비장, 위장의 기능을 도와준다. 생연근은 열기를 식히고 진액을 만들어주며, 피를 시원하게 하고 어혈을 풀어주며 지혈작용을 한다. 익힌 연근은 비장을 건강하게 하고 위장의 활동을 도우며 피를 잘 돌게 하고 설사를 그치게 한다. 가슴이 답답할 때, 코피가 날 때, 하혈이 있을 때, 열담에 의한 기침 · 가래에 도움이 된다.

해설

연근은 탄수화물이 10% 정도이며 비타민 C가 많고 칼륨 함량이 높아서 염분과다 섭취에 따른 질병을 예방하는 효과가 있다. 생식이나 즙으로 먹을 수 있고 전분, 정과 등으로 가공한다. 연근의 전분은 분말이 미세하여 소화가 잘 되므로 노인, 소아, 병약자들의 음식으로 사용된다. 약죽으로 먹으면 몸의 기운을 돋우어 장수한다고 한다.

연잎은 쌀 또는 녹두와 함께 죽을 끓여 먹으면 열을 내리고 더위를 식히며, 혈압강하, 혈지강하의 효과가 있고, 고기를 싸서 찌면 향도 좋고, 비위를 편하게 하는 효과가 있으며 차로 우려 마시면 혈압을 내리고 비만 예방의 효과를 거둘 수 있다. 철분이 풍부하여 빈혈에 좋은데 끓일 때는 가급적 질그릇이나 유리그릇을 써야 한다. 연은 거의 모든 부분(연밥, 연근마디, 연꽃술, 연꽃, 연방, 연자 푸른 싹, 연잎, 연잎줄기, 꽃줄기 등)을 사용 가능하며 부위에 따라 귀경, 효능, 주치도 다르다.

18. 배추 발효식초

재료 • 20L 병 : 배추 15kg, 원당 3.6kg, 유인균 50g, 천일염 1Ts, 생수 약간
• 2L 병 : 배추 1.5kg, 원당 360g, 유인균 6g, 천일염 1ts, 생수 약간

만들기

1 배추 잎을 다 뜯어 씻은 후 유인균 발효 활성액에 20분 이상 담갔다가 헹군다.

2 믹서에 **1**에서 준비한 배추 잎을 넣고 생수를 약간씩 부어가며 곱게 간 후 원당과 천일염을 넣고 좀 더 갈아준다.

3 발효 유리병에 **2**를 붓고 유인균을 넣은 후 골고루 저어준다.

4 30~37℃의 온도에 두고 21~30일 정도 지나면 배추술이 완성되는데 맛을 꼭 확인한다.

5 배추술과 건더기를 분리한다. 건더기를 꼭 짜서 술을 많이 확보한다.

6 분리한 발효술의 병뚜껑을 식초 발효 덮개로 교체하고 매일 저어주면서 공기를 주입한다.

7 알코올이 증발하여 술이 조금씩 줄어들고 신맛이 나기 시작하면서 식초로 익어간다.

★ 톡 쏘면서 새콤하고 달콤하며 맑은 김칫국물 같은 식초로 익어간다.

Tip

배추식초는 톡 쏘면서도 달콤하고, 부드럽고 연한 것이 특징이다. 중간에 물을 추가하지 않도록 하고, 잘 익으면 각종 국물김치의 베이스로 사용하면 일품이다.

배추는 변을 부드럽게 해요

효능

배추의 성미는 달고 평하며 폐장, 위장, 대장으로 이동하여 그 기능을 강화한다. 열을 식히고 가슴이 답답하고 번갈(煩渴)스러운 것을 풀어주며, 진액을 만든다. 폐의 열을 식히고 담을 삭이며, 대변과 소변을 잘 나가게 하며 위장의 힘을 길러주어 배를 편안하게 한다.

또한 폐의 열로 인한 해수(기침), 백일해, 소화성 궤양출혈, 목 안의 염증으로 소리가 나지 않을 때 도움이 된다.

해설

배추를 비롯한 엽경채류는 수분이 90% 내외로 칼로리가 높지 않으며, 배추도 100g당 12kcal로 낮은 편이다.

비타민 C(40mg/100g)가 많이 들어 있고 섬유질이 풍부하여 변비 예방효과가 있다. 비장과 위장의 기허로 인한 위궤양, 소화불량, 소변불리 등에 좋다.

배추는 달고 평하여 채소요리를 하거나 고기와 함께 끓이면 맛이 좋고, 위장의 힘을 길러주며, 치유작용이 비교적 약하여 오래 먹어도 부작용이 나타나지 않는다.

섬유질이 많이 함유되어 장의 연동작용을 촉진하고 소화를 도와 대변이 굳는 것을 방지하고 잘 통하게 해서 결장암을 예방한다.

곡류 · 두류

곡류나 두류를 발효할 때 당류는 조청으로 기준을 잡았으나 같은 양의 원당으로 대체해도 무관하다.

1. 현미 발효식초

재료
- 20L 병 : 현미밥 4kg, 조청 3.2kg, 유인균 60g, 천일염 1Ts, 생수 10L
- 2L 병 : 현미밥 400g, 조청 320g, 유인균 6g, 천일염 1ts, 생수 1L

만들기

1 현미를 깨끗이 씻어서 24시간 정도 불려 현미밥을 무르게 짓는다.

2 믹서에 생수를 적당히 넣어가며 현미밥을 넣고 곱게 갈아준다(생수를 다 넣지 말고 버무릴 수 있도록 농도를 맞춘다).

3 볼에 **2**를 붓고 조청과 천일염을 넣고 손으로 으깨듯이 버무린다.

4 **3**의 버무린 현미밥에 유인균을 넣고 잘 스며들도록 한 번 더 버무린다.

5 발효 유리병에 **4**를 붓고 나머지 생수를 부어 골고루 잘 저어주고 뚜껑을 닫는다.

6 30~37℃에서 21~30일이 지나고 현미주가 되었다면 깨끗한 면보로 현미주와 건더기를 분리한다.

7 분리한 현미주 병의 뚜껑을 식초 발효 덮개로 교체하고 매일 저어주면서 공기를 주입한다.

8 알코올이 증발하여 술이 조금씩 줄어들고 신맛이 나기 시작하면서 식초로 익어간다.

Tip

초막이 생기면 초산균의 활동이 있지만, 탄수화물이 많은 식료는 산막효모가 두껍게 생길 수 있으므로 산소가 너무 많이 들어가지 않도록 입구를 좁히는 것이 중요하다. 산막효모는 당을 소모시키기 때문에 맛이 떨어질 수 있으므로 생기는 즉시 거두어 버리는 것이 좋다.

현미는 식이섬유의 왕

효능

현미에 들어 있는 식이섬유는 인체 내 당분의 흡수율을 지연시켜 다이어트에 효과적이다. 콜레스테롤을 감소시키고 체내의 중금속을 배출하는 역할을 하며, 변비 예방, 동맥경화 예방, 수용성 · 불용성 식이섬유소가 모두 들어 있어 변비에 좋고 쌀겨층과 배아는 리놀레산이 많아 동맥경화나 노화 방지에 좋다.

해설

현미는 당분이 혈액 내로 흡수될 때 필요 이상의 과잉 당분이 혈액 내로 흡수되지 않도록 막아주는 역할을 하여 췌장의 부담을 줄인다. 비타민 B_2, E가 풍부하여 건강한 피부를 만들어 피부노화를 지연하고 콜라겐 파괴를 막아 피부 주름을 방지하며 비타민 B군은 두뇌의 활성을 강화한다.

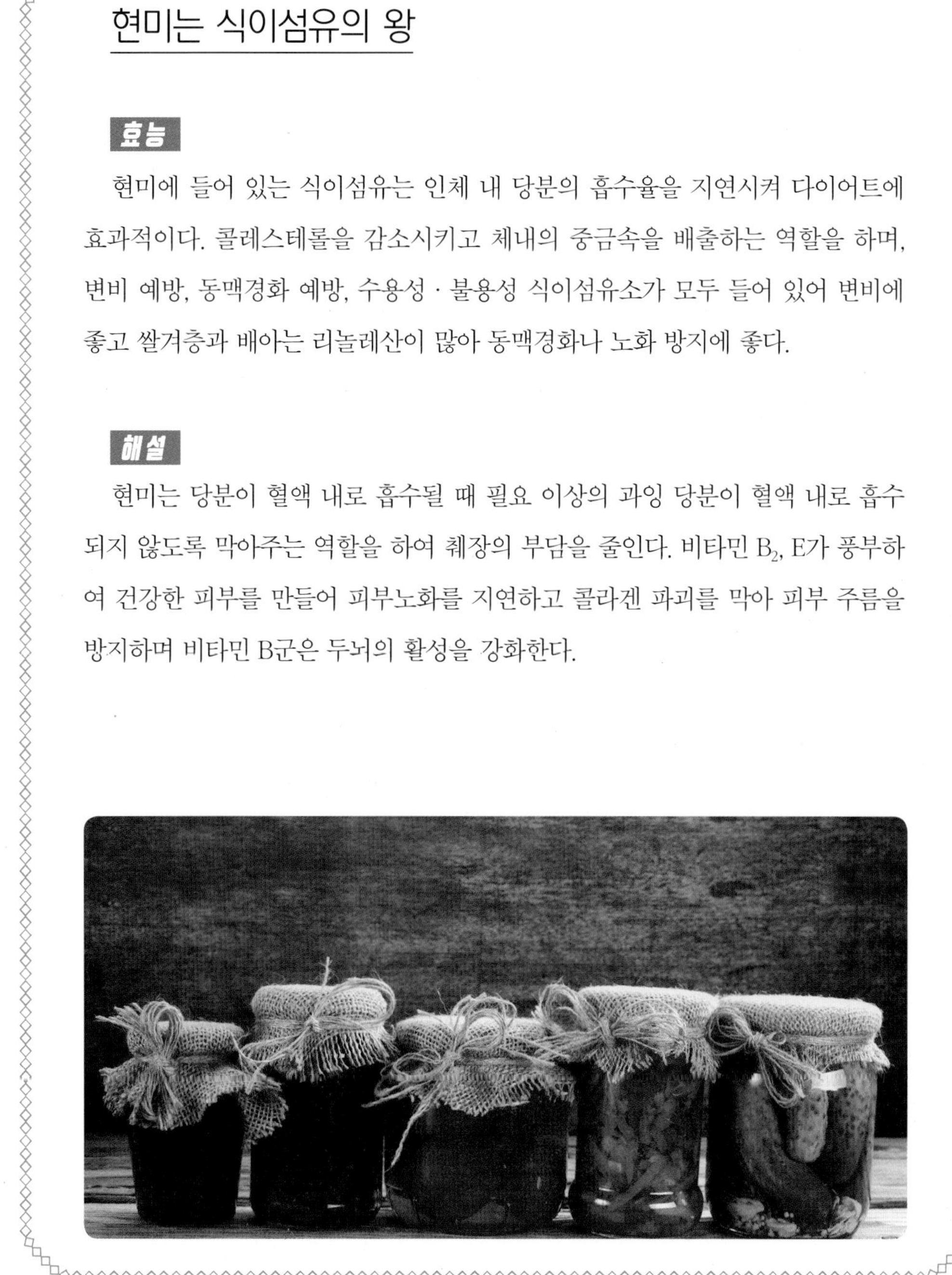

2. 쌀밥 발효식초

재료 • 20L 병 : 쌀밥 4kg, 조청 3kg, 유인균 60g, 천일염 1Ts, 생수 10L
• 2L 병 : 쌀밥 400g, 조청 300g, 유인균 6g, 천일염 1ts, 생수 1L

만들기

1 쌀을 불려 쌀밥을 지어서 약간 식힌다.

2 쌀밥에 조청과 천일염을 넣고 손으로 으깨듯이 버무려 준다.

3 버무린 쌀밥에 유인균을 넣고 잘 스며들도록 한 번 더 버무린다.

4 발효 유리병에 버무린 밥을 넣고 생수를 부어 골고루 잘 저어 뚜껑을 닫는다.

5 30~37℃에서 21~30일이 지나면 쌀주(탁주)가 되었는지 확인하여 깨끗한 면보로 탁주와 건더기를 분리한다.

6 분리한 탁주 병의 뚜껑을 식초 발효 덮개로 교체하고 매일 저어주면서 공기를 주입한다.

7 알코올이 증발하여 술이 조금씩 줄어들고 신맛이 나기 시작하면서 식초로 익어간다.

Tip

• 쌀밥식초는 집에서 먹다 남은 밥을 약간 데워서 하면 쉽게 만들 수 있는 장점을 가지고 있다. 식초로 발효하기 전, 술이 되었을 때 건더기와 분리하여 생수를 추가하지 않고 뚜껑을 닫고 가만히 두면 탁한 것은 아래로 가라앉고 위에는 맑은 청주가 되는데 잘 걸러서 각종 음식을 만들 때 사용하면 좋다. 명절에 차례를 지낼 때나 손님상을 치를 때에 대비하여 미리 청주를 만들어 두면 두루두루 좋다.
• 쌀밥을 손으로 으깨듯 버무리는 것이 어렵다면 믹서에 갈아서 해도 좋으며 푹 퍼진 밥으로 해도 좋다.

쌀은 단백가가 높은 곡류

효능

쌀의 성미는 달고 평하며 비위와 폐의 기능을 강화한다. 가슴이 답답하여 입이 마르고 갈증이 날 때, 설사를 그치게 할 때, 비위가 허약할 때, 전신이 무기력하며 극도로 힘이 없고 권태로울 때, 음식을 적게 먹으며 잘 못 받아들일 때 도움이 된다.

해설

소화가 잘 되고 기호성이 높지만 현미에 비해 단백질, 지방, 일부 비타민류의 영양성분이 대량 손실되고 전분함량의 비율이 높다. 전분이 70~80%를 차지하고 단백질은 6~8%이며 쌀에 함유된 아미노산에는 라이신, 트립토판, 메치오닌 등이 들어 있으나 함량은 적다. 허약체질, 식욕감퇴, 소화불량, 체중감소 시 활용하면 좋다.

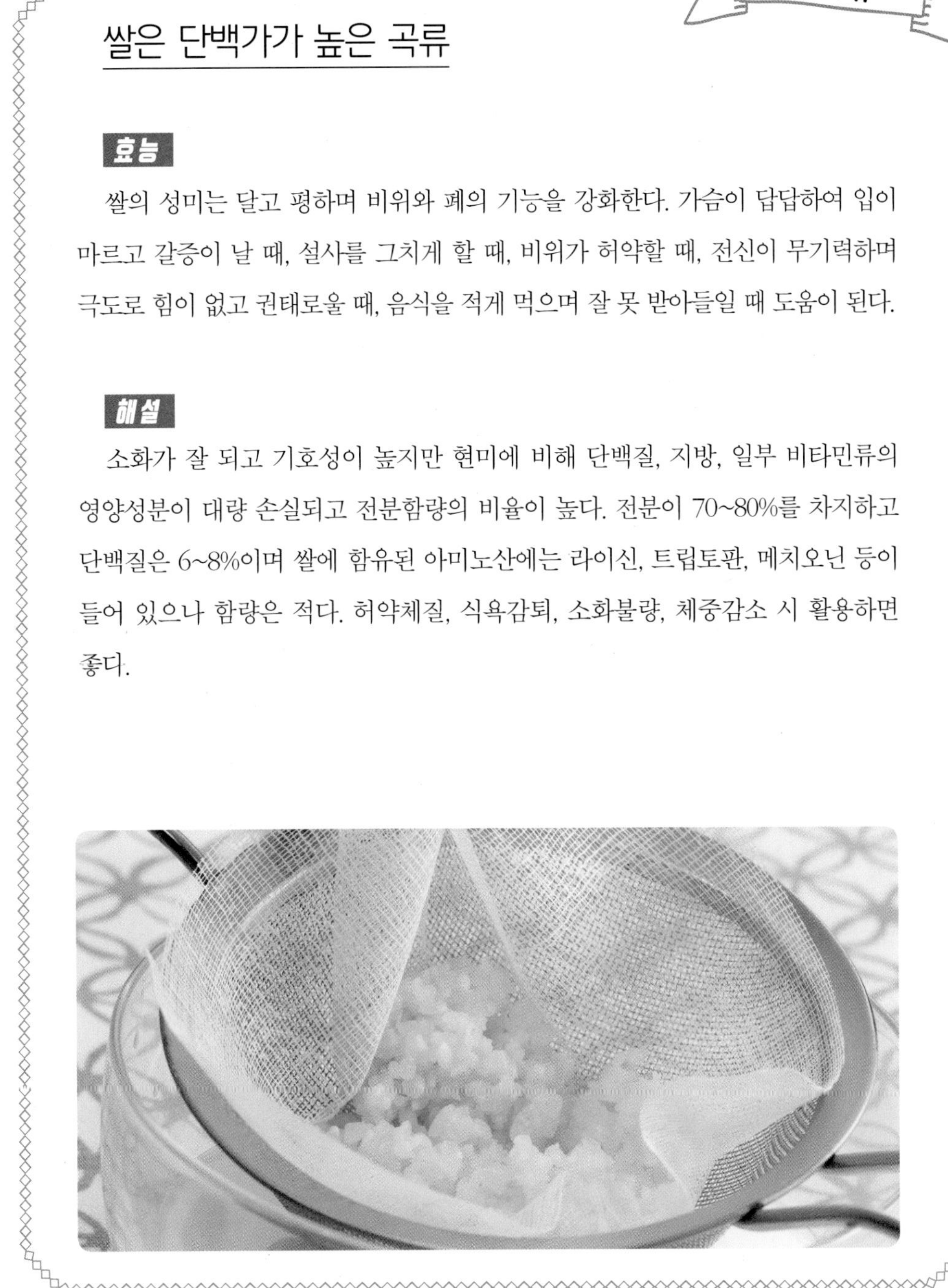

3. 좁쌀 발효식초

재료
- 20L 병 : 좁쌀밥 4kg, 조청 3.2kg, 유인균 60g, 천일염 1Ts, 생수 10L
- 2L 병 : 좁쌀밥 400g, 조청 320g, 유인균 6g, 천일염 1ts, 생수 1L

만들기

1 좁쌀을 깨끗하게 씻고 12시간 동안 불려서 조밥을 짓는다.

2 조밥을 약간 식혀서 조청을 넣고 야무지게 버무린다.

3 **2**의 치댄 조밥에 유인균을 넣고 골고루 퍼지도록 한 번 더 잘 버무린다.

4 버무린 조밥을 발효 유리병에 담고 생수를 부어 뭉친 알갱이를 풀어준다.

5 30~37℃에서 21~30일이 지나면 좁쌀주가 되는데 술맛이 나는지 꼭 확인한 후 건더기와 술을 분리한다.

6 분리한 좁쌀주 병의 뚜껑을 식초 발효 덮개로 교체하고 매일 저어주면서 공기를 주입한다.

7 알코올이 증발하여 술이 조금씩 줄어들고 신맛이 나기 시작하면서 식초로 익어 간다.

Tip

식초로 완성되기까지는 정성과 인내력을 요구한다. 하지만 황세란유인균 발효식초는 기존의 전통방식보다 빠르게 진행된다. 유인균 발효식초는 유산균과 초산균이 합류하여 발효한다. 어느 정도 발효가 되면 실온에 두고 서서히 숙성시켜가면서 먹도록 한다. 온도에 따라서 다양성을 띠기도 한다.

좁쌀은 곡물의 왕

효능

좁쌀의 성미는 달고 짜며 시원하다. 비장, 위장, 신장의 기능을 강화하고 음을 길러 신장을 좋게 하며 열을 제거하고 해독하는 효능이 있다.

비위의 허열, 구토, 적게 먹어도 배 속이 가득 차 있는 것 같아 음식을 잘 먹지 못할 때, 입이 마르고 갈증이 생길 때, 허리와 무릎이 시릴 때, 산후조리, 소변이 잘 나오지 않을 때 도움이 된다.

해설

좁쌀은 수용성 비타민의 공급원으로서 비타민 B_1, B_2가 많아 다른 곡류보다 우수하며 조밥을 자주 먹으면 신장과 비위의 허약으로 허리와 무릎이 약하여 시린 증상과 소화불량에 도움이 된다. 허열을 내리고 비위를 튼튼하게 해주는 효능이 있어 산후에 몸이 허약할 때와 어린이의 소화불량, 식욕부진, 구토, 설사, 입안이 마를 때 도움이 된다.

"곡물의 왕"이라 불리며, 지방세포를 용해하여 살찌는 것을 억제해 주므로 체중관리에 도움이 된다. 오곡 중에 가장 딱딱하여 경속이라 칭하나 물에 걸쭉하게 불리면 쉽게 소화된다.

좁쌀을 넣고 지은 밥의 누룽지를 황금분(黃金粉)이라고 하는데, 달고 평하며 비장과 위장의 기운을 돋우고 소화작용에 도움이 된다.

4. 흑미 발효식초

재료
- 20L 병 : 흑미밥 4kg, 조청 3.2kg, 유인균 60g, 천일염 1Ts, 생수 10L
- 2L 병 : 흑미밥 400g, 조청 320g, 유인균 6g, 천일염 1ts, 생수 1L

만들기

1 흑미를 24시간 이상 불려서 흑미밥을 한다.

2 믹서에 생수를 부어가며 흑미밥을 약간 되직하게 갈아준다(생수를 남긴다).

3 볼에 **2**를 붓고 조청과 천일염을 넣고 손으로 버무려 흑미밥과 조청이 잘 어우러지게 한 후에 유인균을 넣어 한 번 더 버무려 잘 퍼지도록 한다.

4 발효 유리병에 **3**을 붓고 나머지 생수를 부어 골고루 저어 준다.

5 30~37℃에서 21~30일이 지나 흑미주가 되면 액과 건더기를 분리한다.

6 분리한 흑미주의 병뚜껑을 식초 발효 덮개로 교체하고 매일 저어주면서 공기를 주입한다.

7 알코올이 증발하여 술이 조금씩 줄어들고 신맛이 나기 시작하면서 식초로 익어간다.

Tip

분리한 건더기는 물과 유인균을 넣고 재발효하거나 초간장을 만들 때 사용한다. 건더기 그대로 물에 섞어 마셔도 좋다.

흑미는 안토시아닌 덩어리

효능

흑미의 성미는 달고 평하며 위장, 간, 신장의 기능을 강화하고 비위를 건강하게 하며 설사를 그치게 한다.

해설

헬리코박터균 감염 환자에게 치료 항생제와 흑미 추출물을 함께 투여했을 때 치료 효과는 83%에 이르러 항생제만 투여했을 때의 72%보다 높게 나타났다. 흑미를 혼합한 밥을 먹는 것만으로도 초기 위궤양 치료의 개선 효과를 기대할 수 있다. 흑미의 식이섬유 함량은 4~6%로 일반 현미보다 현저히 높다. 식이섬유는 포만감을 주어 식사량을 줄여주고 몸 안의 유해성분 배출에 도움을 주는 성분이다.

어느 실험용 쥐에게는 고지방식과 함께 일품 벼를 투여하고 다른 쥐에게는 흑미 품종인 흑광에서 추출한 물질을 각각 투입한 결과 8주가 지난 뒤 고지방식에 일품 벼를 투입한 쥐는 체중이 17g 늘었지만, 흑광에서 추출한 물질을 투입한 쥐는 절반인 8g만 증가했다. 또 흑광을 먹은 쥐는 혈당과 콜레스테롤도 줄었고 체지방 감소 등 대사증후군 지표도 좋아졌다.

흑미겨는 당 함량이 낮고 몸에 좋은 섬유소를 다량 함유하고 있다는 미국 루이지애나 주립대학교 식품과학자 지민수 박사의 연구 결과가 있다. 연구 결과, 흑미에는 수용성 항산화물질로 노화를 억제하는 안토시아닌이 특히 많이 함유되어 있었는데, 이것은 암과 심장병의 위험을 줄여준다. 한 스푼의 흑미는 같은 양의 블루베리보다 섬유소와 비타민 E가 풍부하다.

5. 옥수수 발효식초

재료
- 20L 병 : 삶은 옥수수 알 4kg, 조청 3.3kg, 유인균 50g, 천일염 1Ts, 생수 10L
- 2L 병 : 삶은 옥수수 알 400g, 조청 330g, 유인균 6g, 천일염 1ts, 생수 1L

만들기

1. 옥수수는 삶아서 옥수수알을 떼어낸다.
2. 믹서에 삶은 옥수수 알과 조청, 천일염을 넣고 생수를 부어 곱게 갈아준다.
3. 발효 유리병에 간 옥수수 알을 넣고 나머지 생수를 부은 후 유인균을 넣어 저어준다.
4. 30~37℃에서 21~30일을 발효하여 옥수수주가 된 것을 꼭 확인한 후에 건더기와 술을 분리한다.
5. 분리한 옥수수주의 병뚜껑을 식초 발효 덮개로 교체하고 매일 저어주면서 공기를 주입한다.
6. 알코올이 증발하여 술이 조금씩 줄어들고 신맛이 나기 시작하면서 식초로 익어간다.

Tip

- 분리한 옥수수 건더기에 생수를 1 : 1 비율로 붓고 유인균을 넣어 다시 발효를 진행시키면 부드러운 옥수수 식초음료를 만들어 마실 수 있다.
- 옥수수식초가 완성되면 생옥수수 알을 넣어서 5일간 발효 후 초콩처럼 만들어 하루에 몇 알씩 먹어도 좋다.

옥수수는 대장의 연동운동 촉진제

효능

옥수수의 성미는 달고 평하며 대장, 위장, 신장의 기능을 강화한다. 위장의 활동을 돕고, 소변이 잘 나가게 하며, 종기를 완화시킨다. 또한 지방을 없애고 혈압을 내리며, 항암작용과 방암(防癌)작용이 있다.

식욕부진, 소변이 잘 나오지 않을 때, 체액이 잘 돌지 않아서 몸이 부을 때, 만성신염, 고지혈증, 고혈압, 결장암, 간암, 피부암, 담낭염, 간염, 백혈병 등에도 도움이 된다.

해설

옥수수는 항산화 기능이 매우 강한 항암성분을 가지고 있으며, 화학물질에 의한 발암물질의 형성을 억제하고 세포의 정상적인 생리기능을 보호해서 세포의 기형 변화를 방지하는 작용을 한다.

섬유질은 흡수 · 팽창하며 대장의 연동운동을 촉진하여 대변이 소화관 내에 머무는 시간을 단축시켜 유독성분과 발암물질의 생성을 억제하고 결장암을 예방한다.

옥수수에 함유된 마그네슘은 장벽운동 증강 및 담즙 분비물을 증가시켜서 장내 노폐물의 배출을 촉진하고 혈관을 이완시켜 혈관의 소통을 촉진하여 고혈압 발생을 감소시킨다.

치매 증상의 예방이나 치료에 밀기울과 옥수수가 좋은데 아연을 많이 함유하고 있고 미량원소 셀레늄(항산화, 중금속 배출)을 함유하고 있기 때문이다.

옥수수는 NAD란 항산화 효소의 원료인 나이아신(Vit B_3)의 함량이 높은데, 단백질과 단단히 결합되어 흡수율이 매우 낮다. 알칼리 용액에 담그면 나이아신의 유용성이 높다.

6. 검은콩 발효식초

재료
- 20L 병: 삶은 검은콩 3.5kg, 조청 3.6kg, 유인균 50g, 천일염 1Ts, 생수 10L
- 2L 병: 삶은 검은콩 350g, 조청 360g, 유인균 6g, 천일염 1ts, 생수 1L

만들기

1 검은콩을 깨끗이 씻어 10시간 정도 불린 후 끓는 물에 3분 정도 데치듯 삶는다.

2 생수를 적절히 부어가며 조청, 천일염을 넣고 곱게 믹서로 간다.

3 발효병에 **2**를 담고 유인균을 넣어 골고루 저은 후 30~37℃에서 21~30일 정도 발효시킨다.

★ 실온에서는 5일 정도 더 기다린다.

4 콩술 맛이 날 즈음에 전체를 저어서 기질을 섞어준다.

★ 하루에 1회, 2일 정도 저어주면 알코올 상태에서 유효성분이 많이 추출된다.

5 검은콩술 건더기가 가라앉으면 맑은 윗술을 떠내어 면보에 걸러준다.

6 분리한 검은콩술 병의 뚜껑을 식초 발효 덮개로 교체하고 매일 저어주면서 공기를 주입한다.

7 알코올이 증발하여 술이 조금씩 줄어들고 신맛이 나기 시작하면서 식초로 익어간다.

Tip

- 분리한 콩 건더기는 좀 더 숙성시켜서 신맛이 나면 하루에 한 스푼씩 초콩처럼 먹도록 한다.
- 검은콩 식초가 완전히 숙성되면 새로운 검은콩을 살짝 씻어서 검은콩식초에 생콩으로 담가서 3일을 실온에 두었다가 분리하여 냉장고에 넣어두고 먹는다.

검은콩은 질 높은 단백질 공급원

효능

검은콩의 성미는 달고 평하며 비장과 신장의 기능을 강화한다. 체내의 수액을 잘 돌려 해독작용을 하며, 풍을 제거하고 피가 잘 돌도록 하며 비장과 신장을 튼튼하게 한다. 몸이 붓고 배가 몹시 불러오면서 속이 그득한 경우, 풍독으로 다리가 붓고 무거울 때, 황달과 부종, 신장의 기운이 허해서 허리가 아픈 경우, 요실금, 찬바람이나 습기가 몸에 침투하여 팔다리가 마비되고 근육 경련이 와 동작이 자유롭지 못한 경우, 산후 몸에 바람이 들었을 때, 종기로 인한 부스럼, 아귀(입)가 꽉 물려 제대로 벌리지 못하는 경우, 약물 및 식물중독에 도움이 된다.

해설

검은콩에는 여성 호르몬과 비슷한 에스트로겐 효능이 함유되어 있어 부인과 질환에 좋다. 식물성 단백질의 함량과 질적인 측면에서 매우 우수하며 고지혈증을 유발하기 쉬운 동물성 식품의 결점이 없기 때문에 매우 이상적인 식재료이다.

감초와 함께 끓여 흑대두감초탕(검은콩 30g, 감초 9g)으로 마시면 중풍으로 인해 다리가 약해졌을 때, 산후 질병 치료 시, 종기, 부스럼, 습열에 의해 생긴 독, 약물중독, 식중독 치료에 효과가 있다. 껍질(黑豆衣)은 피를 풍족하게 하여 간기능을 순조롭게 하며, 열독을 제거하고 한기를 없애준다.

쥐눈이콩(鼠目太)은 약콩이라고도 하는데 달고 시원하며 신장, 간경으로 들어간다. 간과 신장을 보해주고 풍을 거두며 해독하는 효능이 있어 신장이 허해서 생긴 허리통증, 중풍, 관절 및 뼈의 통증, 어혈로 인한 통증, 음기가 허해서 생긴 잠잘 때 흘리는 땀, 속에 열이 있어 갈증이 심할 경우, 두통 등에 좋다.

7. 렌틸콩 발효식초

재료
- 20L 병 : 삶은 렌틸콩 4kg, 조청 3.3kg, 유인균 50g, 천일염 1Ts, 생수 10L
- 2L 병 : 삶은 렌틸콩 400g, 조청 330g, 유인균 6g, 천일염 1ts, 생수 1L

만들기

1. 렌틸콩은 깨끗하게 세척하여 껍질째 손으로 으깰 수 있도록 푹 삶는다.
2. 볼에 삶은 렌틸콩을 약간 식혀서 넣고 조청, 천일염을 넣어 으깨며 주물러 준다.
3. 으깬 렌틸콩에 유인균을 넣고 한 번 더 주물러 균주를 퍼트린다.
4. 발효병에 **3**의 렌틸콩을 넣고 생수를 부어 골고루 저어준다.
5. 30~37℃에서 21~30일을 발효하면 렌틸콩술이 되는데, 맛을 꼭 확인하도록 한다.
6. 맛을 보고 콩술이 되었을 때 하루 한 번 2일 정도 아래위로 휘휘 저어준다.
7. 분리한 콩술 병의 뚜껑을 식초 발효 덮개로 교체하고 매일 저어주면서 공기를 주입한다.
8. 알코올이 증발하여 술이 조금씩 줄어들고 신맛이 나기 시작하면서 식초로 익어간다.

Tip

- 분리한 건더기는 좀 더 익혀서 새콤한 맛이 날 때 하루에 한 숟가락씩 먹어도 좋다.
- 건더기를 잘 걸러서 오랜 시간을 두면 맑은 식초가 되는데 진하게 숙성시켜서 생렌틸콩을 담가서 발효시켜 먹으면 렌틸콩의 영양을 고스란히 섭취할 수 있다.
- 3일 정도 발효한 후 생렌틸콩을 넣고 1~2일 정도 실온에서 더 발효하여 렌틸콩 발효건더기와 발효액을 모두 먹어도 맛있고 좋다.

렌틸콩은 식이섬유가 많아요

해설

녹색, 노란색, 갈색, 검은색, 붉은색 등 색상이 다양하고, 단백질과 식이섬유, 철, 인, 비타민 B 등 우리 몸에 필요한 영양소가 고루 함유되어 있다.

고단백 저지방 다이어트 식품으로 각광받고 있으며, 식이섬유가 바나나의 12배, 고구마의 10배나 들어 있고 소고기보다 단백질 함유량이 많다. 단백질은 지방이나 탄수화물에 비해 단위당 칼로리가 낮기 때문에 같은 양을 먹어도 포만감이 크다.

콜레스테롤 조절과 면역력 강화에 효능이 있으며, 아미노산이 풍부해 간의 세포 재생 효과가 있고, 철분과 엽산이 풍부해 갱년기 여성과 임산부에게 좋으며 심장병 등의 심혈관계 질환에 도움이 된다.

삶아서 유인균을 넣고 청국장처럼 발효시켜 먹어도 매우 좋다.(12시간 정도 발효)

8. 녹두 발효식초

재료
- 20L 병 : 삶은 녹두 4kg, 조청 3.3kg, 유인균 60g, 천일염 1Ts, 생수 10L
- 2L 병 : 삶은 녹두 400g, 조청 330g, 유인균 6g, 천일염 1ts, 생수 1L

만들기

1 녹두를 깨끗하게 세척하여 밥을 하듯이 질게 짓거나 삶는다.

2 믹서에 삶은 녹두와 녹두 삶은 물을 약간 넣고 걸쭉하게 죽처럼 갈아준다.

3 볼에 **2**를 붓고 조청과 천일염을 넣어 손으로 주물러 준다.

4 **3**에 유인균을 넣고 한 번 더 주물러 균주를 퍼트린다.

5 발효 유리병에 **4**를 넣고 생수를 부어 골고루 저어준다.

6 30~37℃에서 21~30일을 발효하면 녹두주가 되는데, 꼭 맛을 확인하도록 한다.

7 맛을 보고 녹두주가 되었을 때 하루 한 번 2일 정도 아래위로 휘휘 저어준다.

8 술에 의해 녹두 성분이 어느 정도 추출되면 건더기와 액을 분리한다.

9 분리한 녹두주 병의 뚜껑을 식초 발효 덮개로 교체하고 매일 저어주면서 공기를 주입한다.

10 알코올이 증발하여 술이 조금씩 줄어들고 신맛이 나기 시작하면서 식초로 익어간다.

Tip

- 생녹두를 갈아서 해도 되는데 자신이 선호하는 방식으로 한다.
- 건더기를 잘 걸러서 오랜 시간을 두면 맑은 식초가 되는데 진하게 숙성시켜서 생녹두를 담가서 발효시켜 먹으면 녹두콩의 영양을 고스란히 섭취할 수 있다.
- 빠른 발효를 원한다면 유인균을 배로 추가하면 도움이 된다.

녹두는 해열과 해독에 으뜸

효능

녹두는 껍질은 성질이 차고 육질은 평이하고 달다. 심장, 간, 위장의 기능을 강화하고 해독작용을 하며, 열을 식혀서 가슴이 답답한 것을 풀어주고 갈증을 해소시킨다. 또한 감기에 의해 생기는 열을 없애고 고지혈증, 토사곽란, 부종, 입 속 부스럼, 고혈압, 소변이 적게 나오는 증상, 종기나 염증의 완화, 볼거리 등에 도움이 된다.

해설

점성이 높은 다당류 등이 많아서 이를 이용해 묵을 만들어 먹는 경우가 많다. 해독작용이 매우 뛰어나므로 약물, 중금속 중독 등에 대체로 효과가 있으며, 감초를 배합하여 녹두감초탕(녹두 20g, 감초 5g)을 끓여 먹으면 상승작용으로 해독효과가 더욱 뛰어나다.

고혈압, 고지혈증일 경우에는 녹두 100g, 다시마 50g을 가루 내어 꾸준히 먹는다.

9. 보리 발효식초

재료
- 20L 병 : 보리 4kg, 조청 3.2kg, 유인균 50g, 천일염 1Ts, 생수 10L
- 2L 병 : 보리 400g, 조청 320g, 유인균 6g, 천일염 1ts, 생수 1L

만들기

1 보리쌀을 깨끗하게 세척하여 보리밥을 질게 짓는다.

2 믹서에 **1**의 보리밥과 생수를 넣어가며 곱게 갈아준다(생수를 다 넣지 말고 손으로 주무를 수 있도록 농도를 맞춘다).

3 볼에 **2**를 붓고 원당과 천일염을 넣어 손으로 주물러 준다.

4 **3**의 보리밥에 유인균을 넣고 한 번 더 주물러 균주를 퍼트린다.

5 발효 유리병에 **4**의 보리밥을 넣고 나머지 생수를 부어 골고루 저어준다.

6 30~37℃에서 21~30일을 발효하면 보리주가 되는데, 맛을 꼭 확인하도록 한다.

7 맛을 보고 보리주가 되었을 때 하루 한 번 2일 정도 아래위로 휘휘 저어준다.

8 완전히 보리주가 되었다면 건더기와 액을 분리한다.

9 분리한 보리주 병의 뚜껑을 식초 발효 덮개로 교체하고 매일 저어주면서 공기를 주입한다.

10 알코올이 증발하여 술이 조금씩 줄어들고 신맛이 나기 시작하면서 식초로 익어간다.

Tip

보리식초 건더기는 새콤하게 익혀서 냉장고에 넣어 두었다가 소화가 잘 안 될 때 먹으면 좋다.

보리는 소화에 으뜸

효능

보리의 성미는 달고 시원하다. 신장과 비장을 건강하게 하고 위장을 편하게 하며 소화작용에 도움이 된다. 갈증을 해소하고 가슴이 답답한 것을 제거한다. 장을 편하게 하여 기운을 아래로 돌려주며, 비위를 편하게 하여 속에 쌓인 체기를 해소하고 체액을 잘 돌려 부기를 해소한다. 배가 부를 때 소화작용을 하며 체했을 때나 설사, 소변이 잘 나오지 않을 때 도움이 된다.

해설

보리는 비타민 B_1이 많이 함유되어 있어 당질대사에 도움을 주고 쌀에 비해 섬유질이 5배나 많이 함유되어 있어 소화율은 낮으나 장의 연동운동을 돕는다. 베타글루칸(β-glucan)은 NK 세포를 활성화하여서 항암작용을 하며, 혈중 총콜레스테롤 및 LDL 콜레스테롤의 수치를 낮추어 주는 것으로 보고되고 있다. 또한 혈당 저하, 대장암 예방에 유익한 기능을 한다.

몸의 기운을 보하고 중안(비위)을 편하게 하여 소화를 도와 위장을 튼튼하게 하고, 더위를 해소하고 식욕을 증진시키며 피로를 없애준다.

맥아를 건조시킨 것이 엿기름인데 당화효소인 디아스타제를 함유하여 전분 등을 분해하므로 이것을 이용해 식혜나 엿을 만든다.

꽃식초

1. 칡꽃 발효식초

재료

2L 병 : 칡꽃 500g, 원당 310g, 유인균 8g, 천일염 1ts, 생수 1L

만들기

1 칡꽃을 깨끗하게 세척하여 물을 털고 잘게 썰거나 뜯어 놓는다.

2 **1**의 칡꽃에 원당, 천일염, 유인균 4g을 넣고 버무린다.

3 발효 유리병에 **2**의 버무린 칡꽃을 넣고 실온에서 4일간 발효시킨다.

4 **3**의 발효한 칡꽃에 생수(1L)를 붓고 나머지 유인균 4g을 넣고 골고루 저어준다.

5 30~37℃에서 30~45일 정도를 발효하면 칡꽃주가 되는데, 맛을 보아 술이 되었는지 확인한다.

6 완전히 칡꽃주가 되면 건더기와 액을 분리한다. 당도가 12~14% 정도 되었을 때 맛이 좋은 술이 된다.

7 분리한 칡꽃주 양의 40% 정도 되는 생수를 추가하여 식초로 발효시킨다. 추가하는 물의 양을 적게하면 알코올을 날리는 기간을 더 길게 잡아야 한다.

8 덮개를 교체하거나 뚜껑을 수시로 열어서 저어주며 공기를 유입하여 초산균을 활성화시킨다.

9 25~34℃의 온도에 두고 맛을 보아가면서 매력적인 식초로 익히도록 한다.

Tip

칡꽃식초는 향이 그다지 진하게 나지 않으나 꽃의 성향이란 강한 기운이 위로 치솟아 오른 것이므로 성질이 튀어 오르는 것이 특징이다. 꽃식초의 분위기와 기운을 즐기는 것도 매력적이다. 화체질이나 금체질의 기운을 돌릴 때 다른 식초에 약간씩 가미하여 먹는다.

2. 아카시아꽃 발효식초

재료 2L 병 : 아카시아꽃 500g, 원당 290g, 유인균 8g, 천일염 1ts, 생수 1L

만들기

1 아카시아꽃을 깨끗하게 세척하여 잘게 썰거나 뜯어 놓는다.

2 **1**의 아카시아꽃에 원당, 천일염, 유인균 4g을 넣고 버무린다.

3 발효 유리병에 **2**의 버무린 아카시아꽃을 넣고 실온에서 4일간 발효시킨다.

4 **3**의 발효한 아카시아꽃에 생수를 붓고 남은 유인균 4g을 넣고 골고루 저어준다.

5 30~37℃에서 30~45일 정도 발효하면 아카시아꽃주가 되는데, 만약 낮은 기온에서 하게 되면 발효가 늦어질 수 있으니 기간을 더 주어 진행시킨다.

6 30~45일 사이에 맛을 보고 완전히 아카시아꽃주가 되면 건더기와 액을 분리한다.

7 분리한 아카시아꽃주에 꽃주 양의 40% 정도 되는 생수를 추가하여 식초로 진행시킨다.

★ 물을 넣지 않으면 술이 식초로 잘 발효되지 않는다. 너무 많이 넣어도 식초 맛이 연해지므로 취향에 따라 가수하도록 한다.

8 분리한 아카시아주 병의 뚜껑을 식초 발효 덮개로 교체하고 매일 저어주면서 공기를 주입한다.

9 알코올이 증발하여 술이 조금씩 줄어들고 신맛이 나기 시작하면서 식초로 익어간다.

Tip

- 아카시아꽃식초는 아카시아향이 풍기는 것이 매우 고혹적이고 은은하다. 아카시아꽃잎을 말려 두었다가 따뜻한 물에 우려서 아카시아꽃식초와 함께 마시면 마음이 안정된다.
- 꽃술의 건더기와 술을 분리할 때 건더기를 꼭 짜서 액을 추출하고 짜낸 건더기는 생수 500ml, 유인균 2g, 원당 50g을 넣고 좀 더 발효시켜서 신맛이 나면 냉장고에 넣어 두고 각종 샐러드의 드레싱을 만들 때 조금씩 갈아서 추가하여 준다.

1. 레몬 발효액

재료

2L 병 : 레몬 500g, 원당 300g, 유인균 6g, 천일염 1ts, 생수 1L

만들기

1 레몬을 껍질째 깨끗이 씻어서 유인균 활성액에 20분 정도 담갔다가 헹군다.

2 레몬을 아주 얇게 저미듯이 썰어 볼에 담고 씨는 제거한다.

3 볼에 담은 레몬에 원당, 천일염, 유인균을 넣고 골고루 스며들도록 버무린다.

4 **3**을 발효 유리병에 담아 생수 1L를 붓고 골고루 저어준다.

5 30℃ 또는 실온에서 24~36시간을 발효하면 레몬 발효액이 된다.

6 완성된 레몬 발효액을 건더기와 분리하여 냉장고에 넣어두고 물에 희석하여 마신다.

Tip

- 레몬은 식초가 잘 되지 않는 과일이다. 신맛이 강하고 상큼하여 음료로 사용해도 좋으므로 발효기간을 짧게 하여 그 맛을 즐기는 것도 좋다. 분리한 건더기에 원당을 넣고 버무려 생수를 조금 더 부은 다음 유인균을 2g 정도 넣고 2일 정도 지나서 음료로 마셔도 좋을 정도로 재발효해도 좋다.
- 과육과 껍질 사이에 효모와 영양소가 많아 껍질째 사용하면 비타민 C를 많이 섭취할 수 있다. 만일 껍질째 사용하는 게 꺼려진다면 겉껍질은 벗겨내고 속껍질만 이용해도 좋다.

[활성액에 담근 레몬 껍질 활용법]

'레몬 껍질'은 의류의 묵은 때를 제거하는 역할도 탁월한데, 빨래를 삶을 때 '레몬 껍질'을 함께 넣어 끓이면 레몬의 표백 성분이 빨래를 더욱 깨끗하게 만들어 준다. 옷에서 은은하게 나오는 레몬 향기는 보너스!

레몬은 위장의 연동운동을 도와준다

효능

레몬은 달고 신맛이 강하며 시원하다. 폐와 위장을 좋게 하고 진액을 만들어주며 갈증을 없애고 임산부의 속을 편안하게 해준다. 더위를 식혀주고 지방을 감소하고 염증을 제거한다. 심한 더위 때문에 상한 진액을 만들고, 식욕부진 및 헛배가 부르고 결리고 찌르듯이 아플 때, 폐가 건조하여 기침 가래가 나올 때, 입덧이 심할 때, 고지혈증 등에 도움이 된다.

해설

레몬에는 비타민 C(45mg%)와 구연산이 많기 때문에 신맛이 강하다. 레몬산은 위의 단백질 분해효소(펩신)의 분비를 촉진시켜 위장의 연동운동을 증가시켜 소화를 돕고 자궁수축을 억제하여 안태(安胎)시킨다. 과피를 사용하여 여러 가지 음료를 만들어 마시면 좋다.

임산부가 간허(肝虛)할 때 좋고, 플라바논류 성분이 혈청 콜레스테롤을 떨어뜨리는 작용이 있으므로 고지혈증, 비만증, 담석증 등의 환자에게 적합하다.

레몬산이 칼슘이온의 응혈작용을 감소시켜 혈소판의 응집을 방지하므로 고혈압과 심근경색을 예방한다. 또 피부의 색소 침착을 제거하여 피부를 깨끗하게 해준다.

식욕부진, 신체허약 시에는 레몬과 대추, 꿀을 끓여 마시고, 눈이 침침할 때는 레몬종자 가루 3g을 눌에 타서 마시면 좋다.

2. 무 발효액

재료 2L 병 : 무 1.5Kg, 원당 300g, 유인균 6g, 천일염 2ts, 생수 약간

만들기

1 무는 껍질을 벗기지 말고 깨끗이 씻어서 유인균 활성액에 20분 정도 담갔다가 헹군다.

2 믹서에 갈기 좋게 무를 썬 후 생수를 약간 붓고 무를 조금씩 넣어가며 모두 곱게 갈아준다.

3 발효 유리병에 **2**와 원당, 천일염, 유인균을 넣고 골고루 저어준다.

4 30~37℃에서 24~36시간을 발효하여 건더기와 발효액을 분리한다.

5 분리한 발효액을 냉장고에 넣어두고 물에 희석하여 마신다.

Tip

- 무 껍질에는 비타민 C(손실 방지–천일염)가 많고, 즙에는 아밀라아제가 많다.
- 무는 수분(93%)이 많아서 즙을 내어 빠르게 발효음료를 만들 수 있는데, 즙을 낼 때 녹즙기를 이용하면 무건더기의 손실을 줄일 수 있다.
- 무즙을 짜내고 남은 무건더기는 버리지 말고 조청을 넣고 조려서 무조청을 만들어 먹으면 좋다.

무는 소화와 해독에 으뜸

효능

무는 맵고 달고 시원하며 폐, 위경을 좋게 한다. 소화를 돕고 가래를 없애고 위로 치고 오르는 열기를 아래로 내리며 중안(비장과 위장)을 너그럽게 한다. 진액을 만들고 갈증을 그치게 하며, 술을 깨는 데 도움이 되고 소변이 잘 나오게 한다. 소화불량, 소화가 되지 않아서 배가 불러 오르는 현상, 신트림이나 신물이 오를 때, 음식을 토할 때 좋으며, 술을 해독하고 이질, 변비, 열증으로 인해 가래가 생기고 기침이 나올 때, 목안의 불쾌감, 고혈압, 백일해, 동맥경화, 담결석, 요로결석, 암, 지루성 피부염, 탈발 등에 도움이 된다.

해설

무는 수분이 약 93%이며 조단백질이 1% 정도이나 대부분 비단백태이다.

비타민 C가 많이 들어 있는데 대부분 껍질에 많다. 무를 사용하거나 무즙을 낼 때 껍질을 벗기지 않는 것이 좋으며 소금을 소량 첨가하면 약 80%가 잔존한다.

무즙에는 아밀라아제, 글리코시다아제 등의 효소가 있으며, 아밀라아제가 많아 생식하면 소화를 돕는다. 간장과 소금에는 비교적 안정하나 식초에는 약하여 활성을 잃는다. 소화를 위해서 먹는다면 생식하는 것이 좋다.

간장과 참기름으로 무친 무생채는 열을 식히고 갈증을 해소하며 기를 돌리고 소화를 돕는다. 기침을 멈추고 가래를 삭이는 효능이 있다. 다시마와 진피(귤껍질)를 넣고 국을 끓이면 맺히고 굳은 것을 풀어주어 목 주위에 종기가 생기는 것을 막아준다. 주로 호흡기 질환과 담, 기침, 소화가 잘 안 될 때 응용할 수 있는 식료이다.

무의 매운맛은 겨자유 성분인데 디아스타제가 함께 들어 있어 소화를 촉진하고 식욕을 돋우는 작용을 한다. 무가 항암작용이 매우 강한 것으로 입증되고 있는데 간암, 식도암, 대장암에 도움이 된다.

조섬유가 상당히 많이 함유되어 있어 위의 연동운동을 촉진시키고 대변을 잘 통하게 한다. 무즙은 결석을 방지하는 작용이 있어 담결석이나 요로결석에 도움이 되며 모발에 광택이 나게 하고 두피의 비듬을 예방하며 가려움증을 가라앉힌다.

지방대사 촉진물질이 있어 피하지방이 축적되는 것을 방지하므로 다이어트 식품으로도 좋다.

책을 마치며

천연발효식초가 몸에 좋다고 하지만 정작 천연발효식초를 만드는 일은 쉽지 않다.

자연에 맡기면 자연의 섭리로 그냥 되는 줄 알고 시간을 잊고 기다리는 사람도 많다. 제대로 된 방법을 배우고자 여러 선구자들을 찾아다니기도 하지만 생활에 쫓기는 대부분의 사람들은 비싼 대가를 치르며 선택해야 한다. 그래서 천연발효식초를 꾸준하게 그리고 쉽게 먹을 수 있는 자유로움을 누릴 만한 사람은 많지 않다. 누구나 쉽게 좋은 발효식초를 일상에서 음료로 만들어 먹을 수 있다면 개인건강을 지키는 데 이보다 좋은 일은 없을 것이다.

유인균발효식초를 만들기 위해 3년이란 시간을 불철주야 애쓰며 지내왔다. 온갖 식재료의 성질은 물론 그것을 받아들이는 유인균들의 활동성을 알아야 했다. 어떤 식재료는 3년 꼬박 나를 잡고 놓아주지 않았다. 식재료에 유인균만 넣는다고 해서 식초가 되는 것은 아니다. 물을 넣어 식재료의 성질을 희석하는 것은 유인균의 활동을 원활하게 하기 위해서다. 물을 기반으로 활동하는 미생물들이기에 어느 정도의 물이 있어야 하는지도 알아야 했다. 각각의 식재료들이 살아남기 위해 스스로 뿜어내는 항균력 때문에 유인균을 거부하고 생존을 위한 전쟁을 치르기에 유인균을 적게 넣었을 경우에는 식재료의 성질을 이겨내지 못하여 발효가 안 되는 경우도 종종 있었다.

물을 넣지 않거나 소량을 넣었을 때, 너무 많이 넣었을 때 등등 비율이 잘 맞지 않으면 유인균이 활동을 제대로 하지 않았다. 때로는 식재료와 유인균이 너무 잘 맞아 과하게 발효한 결과로 병뚜껑이 터지고 폭발하여 발효실을 아수라장으로 만들어 놓기도 했다. 또 계속 새로운 것을 연구하고 매진하다 보니 미처 돌보지 못한 애들은 삐쳐서 원하지 않는 결과를 낳기도 했다. 유인균에게 발효를 시켜놓고 돌보기를 게으르게 하면 희한하게도 섭섭함을 표현하는데, 이것이 참으로 신기했다. 아이들을 키우면서 약간 소홀하면 하는 행동들과 너무나 흡사하여 때로는 실소(失笑)를 머금기도 했다.

그래서 유인균에게 발효를 맡기면서 늘 "부탁합니다. 잘 지냅니까? 고맙습니다. 감사합니다. 잘 먹겠습니다."라는 말을 한다. 웃을지도 모르지만 사실이다. 발효를 한다는 것은 눈에 보이지 않는 생명을 기르는 것이다. 소, 돼지, 염소 등을 기르는 사람들은 알 것이다. 감성을 나누며 정성스럽게 키운 동물은 결코 배신하지 않는다. 미생물도 마찬가지다. 우리의 정성에 정확하게 반응한다.

책에서 소개한 레시피들은 모두 필자가 직접 연구하고 실험한 결과물들로서 그것을 가지고 강의를 하였고, 강의를 하면서 좀 더 나은 방법을 개발하면서 업그레이드(upgrade)시켰다. 책을 펴내는 작업 역시 계속 진행할 것이다. "배워서 남 주자."는 것이 평소 지론이기에 더 나은 방법을 발견할 때마다 독자들과 나누고 싶다. 머릿속 지식의 상자가 비워져야 새로운 지식을 담을 수 있기에 필자는 늘 열어두어 담고 비우는 것을 주저하지 않고 배우면 다 털어내는 타입이다. 다 끄집어내고 나면 새로 담기 위해 노력하고 담는 즉시 비울 준비를 한다. 어디라도 필자를 찾는 곳이 있다면 마다치 않고 뛰어갈 것이다. 그리고 그곳에서 새로운 것이 있다면 또 찾아내고 배워서 여러분께 알리고 싶다.

천연발효식초를 담기 어려워하는 많은 분들이 유인균을 종균으로 활용하여 발효식초를 담을 수 있게 되는 것이 이 책의 목적이었다. 이 책 내용에 있는 황세란유인균 발효식초 레시피로 더 좋은 결과물을 내는 사람도 있을 것이고, 좀 못한 결과물을 내는 사람도 있을 것이다. 어떤 결과를 낳든지 거기서 멈추지 않기를 바란다. 더욱 노력하면 스스로가 놀랄만한 결과를 황세란유인균이 안겨줄 것이다. 필자는 늘 황세란유인균의 발효 실력에 탄복한다. 노력과 정성의 결과를 확실히 보여주기 때문이다.

여기 소개된 레시피들을 주위의 많은 사람들과 공유하시고, 각자가 나름의 재료들을 가감해서 더 좋은 결과를 낼 수 있다면 황세란 유인균발효교실 카페를 이용하여 함께 나눌 수 있기를 바란다. 공유한 만큼 많은 에너지를 돌려받을 것이다.

천연발효식초는 자연의 미생물이 낳은 결과이며, 너무나 훌륭한 식품이다. 그와 같은 미생물인 유익한 인체의 균, 유인균은 우리가 먹는 된장, 간

장, 김치, 청국장 등등에서 찾아낸 미생물들로 현재로써는 발효의 첨단미생물 종균 군단이며, 여러분의 식탁 위에서도 인체 장내에서도 건강의 파수꾼이 되어 줄 것이다.

※ 유인균의 유익성에 대한 더 자세한 내용은 이미 출간한 "황세란의 유인균 발효"(예문사)을 참고하기 바란다. 발효를 주도하는 균주는 다음의 12종으로, Weissella koreensis BSS10, Lactobacillus salivarius SW709, Lactobacillus brevis BSS04, Lactobacillus casei BSS05, Lactobacillus plantarum HS729, Lactobacillus sakei MG521 Leuconostoc citreum BSS07, Leuconostoc mesenteroides SY1118, Streptococcus thermophilus BSS08, Saccharomyces cerevisiae BSS01, Bacillus subtilis BSS09, Bacillus subtilis BSS11 외 알파 유산균이 포함된 복합종균이다.

유인균은, 개발과정에서 정부 R&D지원금이 투입된 결과물로,
유산균 + 프로바이오틱스 = 유인균(프로바이오틱스 + 효모 / 유인균)
유인균은 12종의 장군균(將軍菌)들을 위시해 그 신하 유인균들도 역시 모두 건강하고 튼실한 균들로 군집되어 인체의 유익함을 주기 때문에 **국제기준안정성**에 대한 **FDA** 기준을 통과 인증되었다.

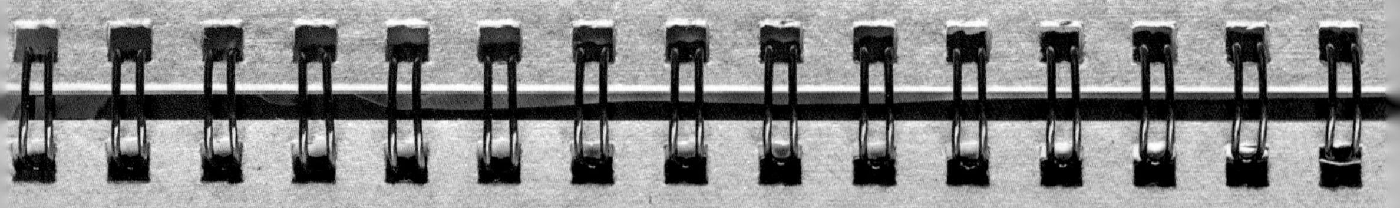

참고 자료

- 매력적인 장여행 – (주) 미래엔/기울리아 엔더스 저/배명자 역
- 자연과학의 기초 – 태웅출판사/모리시타 게이이치
- 식료본초학 – 의성당/김규열 외
- 한국의과학연구원 자료
- 인하대병원 건강의학 정보
- 내 몸을 살리는 미네랄 백과사전 – 노구치 데쓰노리 저/이용택 역
- 과학동아 – 동아사이언스
- 위키백과
- 식품영양성분데이터베이스(식품의약부안전처)

저자 약력

- 황세란 : 한국의과학연구원 연구위원
- 최원식 : 부산대학교 생명자원과학대학 교수
- 임한석 : 행복한발효세상 대표

한국의과학연구원 연구개발
황세란유인균

황세란의 유인균발효식초

발행일 | 2016년 6월 15일 초판발행
2019년 1월 15일 1차 개정
2020년 1월 15일 1차 2쇄
저 자 | 황 세 란 · 최 원 식 · 임 한 석
발행인 | 정 용 수
발행처 | 예문사
주 소 | 경기도 파주시 직지길 460(출판도시) 도서출판 예문사
T E L | 031) 955-0550
F A X | 031) 955-0660
등록번호 | 11-76호

정가 : 15,000원

ISBN 978-89-274-2810-7 13590

이 도서의 국립중앙도서관 출판예정도서목록(CIP)은 서지정보유통지원시스템 홈페이지(http://seoji.nl.go.kr)와 국가자료공동목록시스템(http://www.nl.go.kr/kolisnet) 에서 이용하실 수 있습니다.
(CIP제어번호 : CIP2018031110)